AF320090

DES CONDITIONS PHYSIQUES

DE LA

PERCEPTION DU BEAU

PAR

Jacques-Louis SORET

Professeur à l'Université de Genève, Docteur honoraire de l'Université de Bâle;
Membre correspondant de l'Institut de France,
de l'Académie des Lincei, de l'Académie des Sciences de Bologne,
de la Société des Sciences naturelles de Bâle;
Membre honoraire de la Société de Médecine et d'Histoire naturelle de Iéna,
des Sociétés des Sciences naturelles de Zurich et du canton de Vaud;
Chevalier de la Légion d'honneur, etc., etc.

AVEC 73 FIGURES ET 4 PLANCHES

GENÈVE

H. GEORG, LIBRAIRE-ÉDITEUR

MÊME MAISON A BALE ET A LYON

1892

DES CONDITIONS PHYSIQUES

DE LA

PERCEPTION DU BEAU

IMPRIMERIE AUBERT-SCHUCHARDT

DES CONDITIONS PHYSIQUES

DE LA

PERCEPTION DU BEAU

PAR

Jacques-Louis SORET

Professeur à l'Université de Genève, Docteur honoraire de l'Université de Bâle;
Membre correspondant de l'Institut de France,
de l'Académie des Lincei, de l'Académie des Sciences de Bologne,
de la Société des Sciences naturelles de Bâle;
Membre honoraire de la Société de Médecine et d'Histoire naturelle de Iéna,
des Sociétés des Sciences naturelles de Zurich et du canton de Vaud;
Chevalier de la Légion d'honneur, etc., etc.

AVEC 73 FIGURES ET 4 PLANCHES

GENÈVE

H. GEORG, LIBRAIRE-ÉDITEUR

MÊME MAISON A BALE ET A LYON

1892

AVERTISSEMENT DE L'ÉDITEUR

En ouvrant la soixante-neuvième session de la
Société helvétique des Sciences naturelles, réunie à
Genève en 1886, Jacques-Louis Soret avait pris
comme sujet de son discours présidentiel le rôle
joué par les *Impressions réitérées* dans la perception
du Beau. Il y résumait un ensemble de recherches
longtemps poursuivies dans ce domaine mitoyen,
peu connu et de difficile accès, qui relie l'esthétique
aux sciences mathématiques et physiques.

Ce discours était en même temps la première
ébauche de l'ouvrage que nous publions aujourd'hui
et que la mort de l'auteur a laissé inachevé. Nous
n'avons apporté au manuscrit original que des mo-

difications de détail. Plusieurs passages sont de rédaction évidemment provisoire; quelques-uns étaient notés par l'auteur comme devant être remaniés. Mais en les modifiant, nous aurions risqué d'en altérer inconsciemment le sens; il nous a paru préférable de ne pas y toucher. Nous nous sommes donc bornés à corriger quelques lapsus, à supprimer quelques répétitions, à faire quelques raccords, et à ajouter quelques figures, conformément aux indications du manuscrit.

Nous avons eu souvent besoin de recourir aux lumières d'autrui. Nous prions tous ceux qui nous ont aidés de diverses manières, et particulièrement M. Marc Debrit et M. Théod. de Saussure, de recevoir ici l'expression de notre reconnaissance.

Sur un point, cependant, il a paru nécessaire d'ajouter quelque chose à ce que l'auteur lui-même avait écrit. Une trace devait rester des idées qui le préoccupaient, des questions qu'il se préparait à aborder quand la plume est tombée de ses mains.

Pour nous, ç'eût été là une grande difficulté. Nous avions par bonheur auprès de nous le collaborateur qui, à la fois comme écrivain, comme littérateur et comme ami, pouvait le mieux combler cette lacune.

M. Marc Debrit avait suivi de plus près que personne le développement de la pensée esthétique de l'auteur. Seul il pouvait la reconstituer, et c'est à lui que nous devons les pages charmantes qui forment le commencement et la presque totalité du chapitre relatif à la Littérature.

C. S.

INTRODUCTION

C'est par l'intermédiaire de nos sens que nous recevons des impressions esthétiques, et dans ce phénomène à la fois physiologique et psychologique je suis frappé du rôle capital joué par la reproduction des mêmes sensations, ou par ce que j'appellerai des *impressions réitérées*, rôle que je chercherai à faire ressortir dans les pages suivantes. L'idée n'est incontestablement pas nouvelle; on la retrouve, plus ou moins voilée, dans tous les traités de la science du beau; mais elle ne me paraît pas avoir reçu le degré de généralisation qu'elle comporte, et ses conséquences n'ont pas attiré l'attention et l'intérêt qu'elles me semblent mériter.

J'ai été entraîné à cet ordre de considérations par l'étude de l'acoustique et particulièrement par le bel ouvrage de M. de Helmholtz sur la théorie de la musique[1]. En se basant en partie sur ses propres décou-

---

[1] *Die Lehre von den Tonempfindungen als physiologische Grundlage für die Theorie der Musik*. Traduction française par M. G. Gueroult sous le titre : *Théorie physiologique de la Musique*.

vertes, en partie sur celles de ses devanciers, **M.** de Helmholtz a montré que les notes dont on fait usage dans la mélodie, et les accords employés dans l'harmonie, présentent une parenté caractérisée parce que, dans ces sons successifs, l'oreille éprouve et reconnaît une sensation commune : c'est donc par l'intermédiaire d'impressions réitérées que nous percevons le beau musical[1]. Ce fait n'est pas spécial à la musique; je crois pouvoir affirmer qu'il se produit dans toutes les branches de l'esthétique, prenant ainsi le caractère d'une loi générale, tout au moins en ce qui concerne les sensations physiques qui entrent en jeu dans la perception du beau.

Pour établir cette théorie et en élucider graduellement le sens et la portée, je m'attacherai d'abord aux faits qui rentrent dans le champ des sciences mathématiques et physiques. J'aborderai ensuite les faits appartenant au domaine intellectuel et artistique, sans me dissimuler qu'à ce moment je m'écarterai du terrain de mes études habituelles et que l'érudition en ces matières me fera souvent défaut.

Mais avant d'entrer dans le sujet, je dois présenter quelques remarques préliminaires.

1º J'emploierai souvent, faute d'un terme meilleur, l'expression de sensation ou d'impression *esthétique*; je prends ce dernier mot dans le sens le plus large, c'est-à-dire comprenant le beau à tous ses degrés même le plus rudimentaire. Par exemple quelque chose de simplement agréable à voir ou à enten-

---

[1] Nous reviendrons plus loin sur cette théorie.

dre sera considéré comme produisant une sensation esthétique, à la condition toutefois qu'il ne s'agisse pas d'une jouissance purement sensuelle : la différence entre ces deux ordres d'impressions ne peut échapper à personne, quoiqu'il ne soit pas aisé de la formuler et de la définir.

2° Il me paraît incontestable que les impressions esthétiques peuvent être divisées en deux grandes catégories : l'une comprenant le beau de l'ordre matériel, l'autre le beau de l'ordre intellectuel.

Le beau intellectuel est d'un degré supérieur au beau matériel ; il est susceptible de provoquer en nous une jouissance plus élevée et une émotion plus vive. Aussi beaucoup d'artistes sont-ils disposés à ne considérer comme vraiment esthétique que le beau de cet ordre supérieur. C'est là une tendance heureuse en ce qu'elle contribue à relever l'idéal dans les arts, et naturelle chez ceux auxquels ne saurait suffire le minimum esthétique dont on n'est que trop porté à se contenter à notre époque. Mais, scientifiquement, je ne crois pas que l'on puisse nier l'existence de la beauté dans l'ordre matériel ; tout au moins faudrait-il pour exprimer les sensations esthétiques physiques inventer un mot, un terme qui manque à notre langue. J'insiste sur ce point, parce que, devant marcher pas à pas et commencer par l'étude des impressions esthétiques de rang inférieur, je prévois les objections qui pourraient m'être faites au nom d'un idéal plus relevé.

D'ailleurs, quelque claire que paraisse la distinction des imprsssions esthétiques en deux catégories, correspondant aux deux ordres de facultés que nous possédons, il n'est pas facile pratiquement d'en fixer les limites et l'on peut être embarrassé pour classer franchement d'un côté ou de l'autre telle ou telle de ces impressions. En effet, des sensations physiques, même toutes simples, font constamment naître en nous des idées esthétiques intellectuelles, et cela à des degrés très divers suivant les individus ; tandis que d'autre part le beau intellectuel ne nous apparaît guère que par l'intermédiaire de nos sens.

3º Il importe de rappeler dès le début la nécessité de la variété dans le domaine du beau.

Dans l'ordre matériel, l'impression agréable, esthétique ou non esthétique, que peut nous procurer une sensation, est nécessairement limitée par une condition qu'il convient de bien établir. C'est un caractère inhérent à notre nature physiologique que toute sensation qui se prolonge ou se répète indéfiniment cesse d'être perçue par nous ou bien devient pénible et douloureuse. Nous entrons par exemple dans une chambre parfumée : notre odorat est flatté au premier abord ; mais au bout de quelque temps le parfum cesse de nous impressionner, ou bien il nous incommode. Après un travail sédentaire nous sortons pour une promenade : les premiers pas délassent nos muscles enraidis et nous procurent une vive jouissance ; mais bientôt la marche devient pour nous inconsciente, et si elle se prolonge davantage nous arrivons à la fatigue. La plus charmante phrase musicale trop souvent répétée par un artiste qui s'exerce finit par nous énerver, à moins que distraits par autre chose nous ne l'écoutions plus.

Il suit de là que la variété est absolument nécessaire pour raviver nos impressions et pour empê-
cher l'effet d'engourdissement, parfois de douleur,
qu'entraîne la monotonie de nos sensations physiques [1].

Dans le beau de l'ordre intellectuel, la variété,
l'imprévu, n'est pas moins nécessaire que dans l'ordre physique ; c'est là un fait si unanimement
reconnu par les esthéticiens qu'il est inutile d'y insister davantage en ce moment.

En résumé, nous admettons que dans la perception du beau, la variété est une condition nécessaire,
condition négative, dirai-je, en ce sens que je ne
pense pas que la variété à elle seule puisse faire
naître des impressions esthétiques; mais condition
sans laquelle ces impressions n'auraient qu'un caractère temporaire et fugitif.

•

[1] A côté de cet effet général de la monotonie, il convient de signaler le
fait que les sensations physiques répétées à de très petits intervalles de
temps sont désagréables et même douloureuses. Ainsi une lumière qui
vacille fatigue extrêmement la vue ; et, en acoustique, on a reconnu que
l'effet pénible des dissonances résulte d'une intermittence rapide dans
l'ébranlement des nerfs auditifs. Mais si l'on accélère ces intermittences
au delà d'un degré, l'effet pénible cesse de se manifester et la sensation
devient continue. Par exemple, pour la lumière, des intermittences se
succédant à des intervalles de $\frac{1}{5}$ de seconde de temps environ sont
excessivement fatigantes; mais si les intervalles se rapprochent et deviennent de $\frac{1}{20}$ de seconde, la sensation d'intermittence disparaît complètement et la lumière semble continue. Il en est de même pour le son
avec des chiffres différents : l'impression est la plus pénible pour 20 ou
30 intermittences par seconde ; elle cesse d'être appréciable pour 120 ou
140.

Même lorsque les sensations se succèdent à des intervalles de temps
moins petits que ceux dont nous venons de parler, elles deviennent pénibles si elles sont prolongées; la fatigue est plus prompte à venir lorsqu'il
y a intermittence que lorsque la sensation est continue.

Ces remarques faites, nous pouvons entrer en matière. Voici l'ordre que nous suivrons dans cette étude.

Dans la Première Partie nous nous occuperons d'abord de la forme matérielle des objets, telle qu'elle nous est révélée par le sens de la vue. Puis nous passerons au sens de l'ouïe, à l'acoustique. Ensuite, revenant à la vue, nous examinerons ce qui concerne la couleur des objets, examen qui sera plus facile après celui des phénomènes musicaux; nous terminerons cette première partie en disant quelques mots des sens du toucher, de l'odorat et du goût, dont le rôle en esthétique est très limité et même nié par beaucoup d'auteurs.

Dans la Seconde Partie de ce travail, nous sortirons du domaine des sciences mathématiques et physiques, pour nous occuper de sujets d'un ordre différent et supérieur, en traitant successivement du beau dans la nature, des arts décoratifs et de l'architecture, puis de la peinture, de la sculpture, de la musique et de la poésie[1].

---

[1] L'auteur n'a pu exécuter jusqu'au bout le plan qu'il avait conçu et qui est résumé dans ces quelques lignes : des six chapitres qui devaient former la seconde partie de cet ouvrage, deux seulement sont terminés (*Note de l'Éditeur*).

PREMIÈRE PARTIE

CHAPITRE PREMIER

LA FORME

---

1. Le dessin dans un plan.

La symétrie.

Pour toute personne, il existe un plan qui est parfaitement déterminé par rapport à elle-même : c'est le plan vertical médian qui partage le corps de l'observateur, d'arrière en avant, en deux parties complètement symétriques (fig. 1). Quand les membres du côté droit sont dans la même posture que ceux du côté gauche, le centre de gravité du corps entier se trouve dans ce plan médian, et l'effort musculaire nécessaire pour maintenir le corps debout et immobile sera égal des deux côtés. De cette égalité d'effort et de quelques autres sensations résulte que l'observateur a nettement le sentiment de la verticale et le sentiment que l'espace est divisé pour lui en deux parties séparées par ce plan médian.

Fig. 1

Maintenant supposons un autre plan vertical perpendiculaire à ce plan médian, placé en face de l'observateur : ce sera, par exemple, la surface d'un mur vertical illimité, sur laquelle nous pourrons tracer un dessin.

Le plan médian coupera le plan du dessin suivant une ligne droite qui forme la ligne verticale médiane du dessin. Supposons cette ligne marquée par un trait visible.

A droite et à gauche de cette ligne médiane les deux moitiés du plan du dessin sont parfaitement symétriques l'une par rapport à l'autre, et chacune produit sur l'observateur une sensation pareille. Il éprouve donc simultanément deux sensations, dont l'une n'est que la répétition de l'autre. De là résulte une *impression esthétique,* et l'on ne saurait en effet contester l'importance capitale de cette ligne médiane dans le dessin régulier ainsi que dans les applications aux arts décoratifs. Quoique renforcée, comme nous le verrons plus loin, par d'autres caractères que celui de la symétrie, cette impression produite par la vue d'une simple ligne verticale médiane est d'un degré esthétique peu élevé, l'impression est affaiblie et atténuée parce qu'elle nous est trop habituelle et qu'elle n'a plus rien d'imprévu [1].

[1] Nous avons dit plus haut qu'une impression matérielle peut faire naître des impressions de l'ordre intellectuel. Voyons par exemple ce qui se passe pour cette impression esthétique tout à fait simple et élémentaire que produit une ligne verticale médiane. Si nous ne donnons pas au plan du dessin des dimensions déterminées, si par la pensée nous l'étendons indéfiniment, la ligne médiane se prolonge elle-même au delà de toute limite, plus bas que la terre, plus haut que les cieux, toujours identique à elle-même, séparant l'espace en deux nappes absolument semblables, également sans limites. L'impression prend alors de la grandeur et nous amène à la notion de l'infini, idée évidemment de l'ordre intellectuel.

La ligne médiane conserve son importance lors même qu'elle n'est pas réellement marquée sur le plan du dessin; elle peut être seulement tracée par la pensée tout en demeurant parfaitement déterminée (fig. 2)[1].

Fig. 2

Toute autre ligne ou figure symétrique à droite et à gauche de la médiane, produira également une sensation esthétique à divers degrés suivant les circonstances. Ainsi traçons sur le plan du dessin une ligne horizontale indéfinie; elle sera divisée par la médiane verticale en deux moitiés absolument semblables produisant sur l'observateur une impres-

Fig. 3

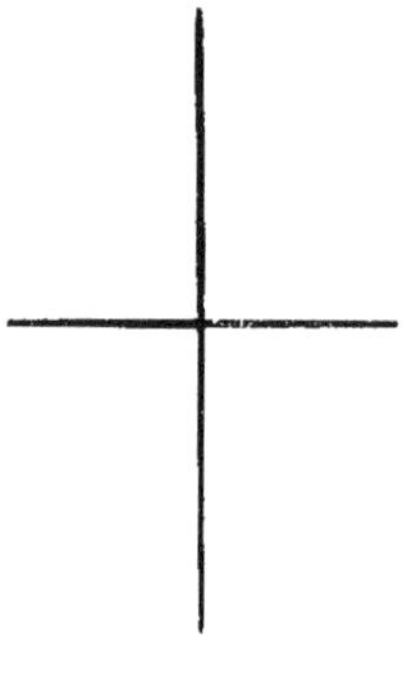

Fig. 4

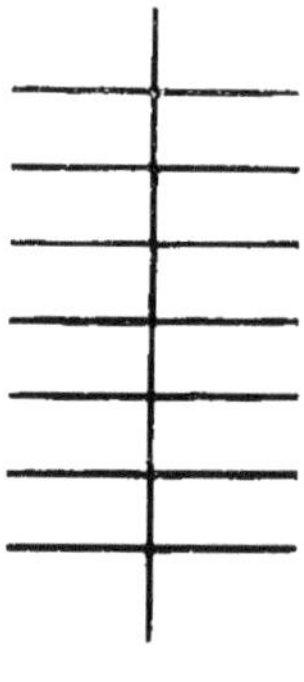

Fig. 5

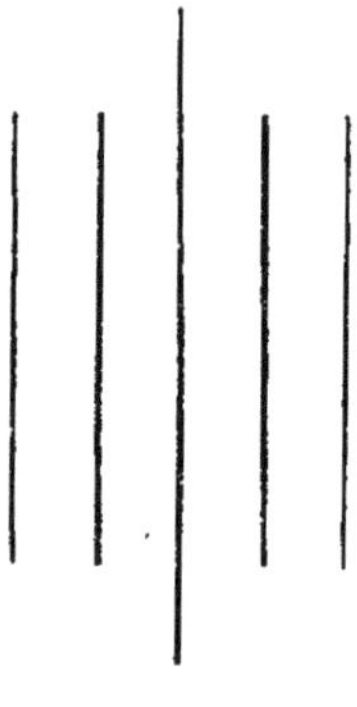

sion esthétique. Il en sera de même d'une horizontale de longueur finie pourvu qu'elle s'étende également

---

[1] Figure tirée de Mayeux : *La composition décorative.*

des deux côtés de la médiane (fig. 3); de plusieurs
lignes horizontales; des lignes verticales, à la condition qu'elles soient deux
à deux à égale distance
de la médiane (fig. 4 et 5).

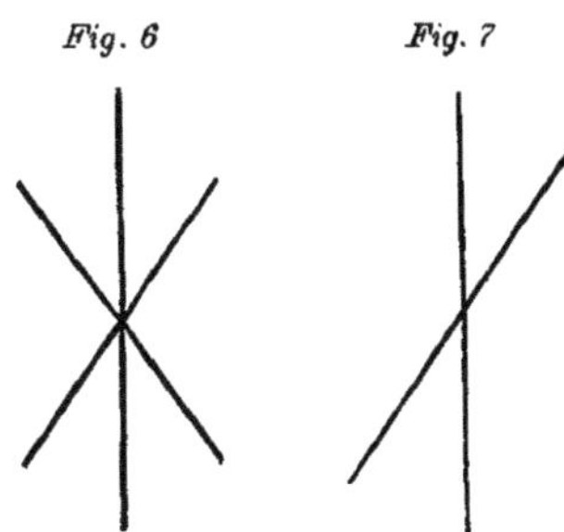

Fig. 6   Fig. 7

Deux droites se cou-
pant sur la médiane (fig.
6) et également inclinées
en-sens inverse détermi-
neront une sensation es-
thétique, qu'une seule
d'entre elles ne produirait pas (fig. 7). Un cercle dont
le centre est situé sur la médiane, une parabole,
une ellipse ou une hyperbole dont un axe coïncide
avec la médiane, et une infinité d'autres figures
symétriques rentrent dans le même cas (fig. 8 et 9).

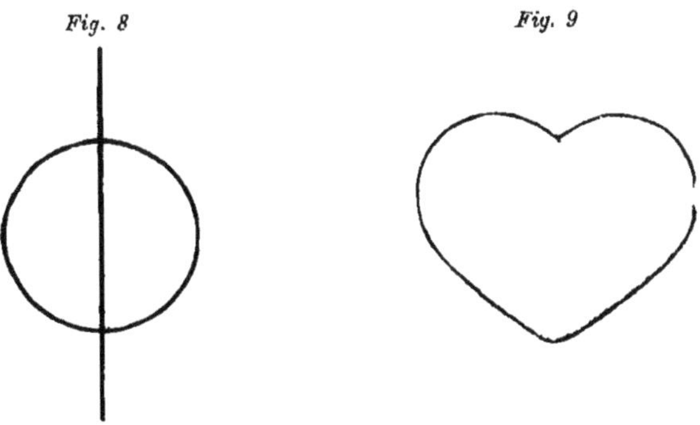

Fig. 8   Fig. 9

Nous avons jusqu'ici considéré la symétrie binaire
à droite et à gauche de la médiane. Il existe d'autres
modes de symétries non moins évidents pour notre
œil.

D'abord une figure tout en conservant la symétrie

binaire peut aussi être symétrique par rapport à un point de la médiane; ainsi deux cercles égaux placés l'un au-dessus de l'autre (fig. 10).

La figure peut encore être symétrique autour d'un point de la médiane formant le centre, et de trois, quatre ou un plus grand nombre de lignes droites se coupant sur le centre et formant entre elles des angles égaux, de 120 degrés s'il y en a trois (fig.11), de 90° s'il y en a quatre (fig. 12), de 60° s'il y en a six (fig. 13), etc. L'une de ces lignes au moins devra en général coïncider avec la médiane afin que la symétrie binaire, la plus importante, demeure satisfaite. Les figures, les étoiles, que l'on obtient ainsi et qui sont si souvent employées dans l'orne-

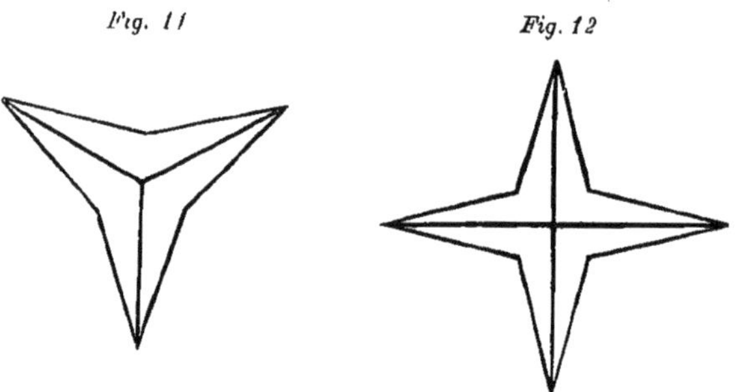

Fig. 10

Fig. 11

Fig. 12

mentation, doivent encore leur caractère esthétique à la répétition d'une sensation (fig. 14).

Si les lignes ou les figures dont nous venons de nous occuper n'ont pas d'autres caractères de beauté que celui qui résulte de leur symétrie, la sensation sera d'un degré esthétique limité, comme nous l'avons déjà remarqué à propos de la médiane isolée : l'impression en effet est seulement matérielle,

Fig. 13

elle ne repose que sur la forme, il lui manque la vie et à peu près tout ce qui peut exciter notre imagination ou notre intérêt: cependant c'est déjà du beau, mais du beau rudimentaire.

Dans ce qui précède nous avons supposé que le dessin soit placé dans une position parfaitement déterminée, son plan étant vertical et perpendiculaire au plan médian de l'observateur. Mais cette position n'est

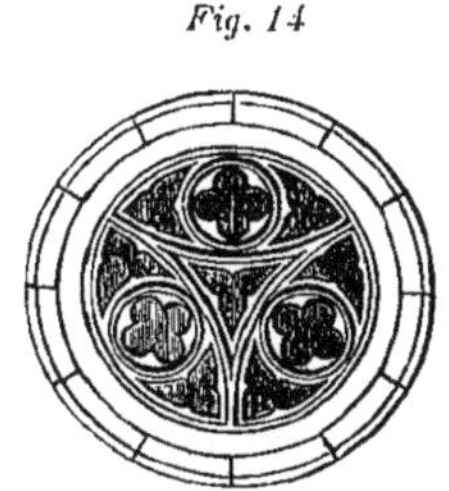

Fig. 14

point nécessaire : le dessin satisfaisant aux conditions de symétrie que nous venons d'indiquer peut être déplacé de sa position normale, sans que la sensation esthétique soit détruite. En effet le sens de notre vue a acquis par l'exercice la faculté de reconnaître admirablement la forme réelle des objets quelle que soit leur position. Ainsi, lorsque nous considérons un dessin régulier déplacé de sa position normale, quoique l'image de ce dessin qui se forme sur notre rétine ne soit plus symétrique elle-même, nous voyons cependant que la symétrie objective existe réellement et nous sentons qu'elle apparaîtrait dans toute sa rigueur, si nous nous trouvions dans la position convenable. Le dessin peut être rejeté à droite ou à gauche du plan médian, incliné ou même déformé, l'œil ne s'y trompe pas, il en reconnaît la symétrie, et l'impression esthétique subsiste; je dirai même qu'elle est renforcée, parce que ces déplacements sont une source de variétés d'impressions, et exigent de notre part un certain effort qui ravive la sensation.

En terminant ce premier paragraphe, je crois qu'il ne sera pas inutile d'entrer dans quelques considérations qui feront mieux comprendre ma pensée sur le rôle de ces impressions réitérées dont nous venons d'étudier un cas très simple.

Est-ce la répétition même d'une sensation qui constitue la beauté? En aucune façon; et il serait facile de trouver des exemples de sensations dont la répétition n'est point accompagnée d'un sentiment de beauté. Cherchons donc en quoi réside la jouissance esthétique.

On a souvent dit que dans l'art du dessin la symétrie ou la régularité provoquent l'impression du beau, parce qu'elles donnent l'idée d'une loi; qu'elles sont un signe d'ordre ou d'unité. Je suis loin de le contester. Cependant notre esprit arrive fréquemment à reconnaître l'existence d'une loi, sans éprouver pour cela de sensation esthétique proprement dite.

Ainsi en restant dans les exemples qui nous ont déjà occupés, une seule ligne droite inclinée ne provoque pas de sensation esthétique comme le fait la médiane ou une horizontale ; cependant, un peu d'attention suffit à le faire voir, cette ligne inclinée représente une loi et une loi très élémentaire de proportionnalité que le mathématicien traduit par une formule des plus simples. Maintenant au lieu d'une seule ligne inclinée, prenons-en deux qui se coupent de manière à satisfaire à la symétrie : la sensation esthétique se manifeste immédiatement et pourtant la loi correspondant à ce nouveau dessin est moins simple et la formule qui l'exprime analytiquement plus compliquée. En prenant comme exemple des courbes bien autrement complexes et qu'un géomètre aurait de la peine à définir, on verrait que si elles sont symétriques, elles produisent la sensation esthétique. Pourquoi cela ?

Notre esprit éprouve toujours une satisfaction à se rendre compte de ce qui s'offre à lui, à y découvrir une signification, à reconnaître l'existence d'une relation, d'une loi. Mais il peut y arriver par deux voies complètement différentes : l'une c'est le *raisonnement*, l'autre c'est l'*intuition* : la première est celle du logicien, du mathématicien, la seconde celle de l'artiste.

Quand on arrive par le raisonnement, par la géométrie, l'analyse ou l'expérience à découvrir une loi, l'esprit ressent une jouissance qui sera peut-tre d'autant plus grande que la suite des déductions a été plus complexe, mais ce n'est pas là une jouissance esthétique.

Au contraire, si d'un coup d'œil, nous saisissons qu'il y a une relation, une loi dans ce qui nous est offert, nous éprouvons la jouissance esthétique. La loi que dégage le raisonnement est formulée d'une manière plus précise, elle est plus complètement comprise ; mais il y a plus de charme, et un charme plus facilement accessible à tous dans l'intuition qui nous révèle l'existence de la loi, presque sans effort pour notre esprit[1].

Or nos sens nous permettent souvent cette intuition ou ce jugement non raisonné, qui s'allie aux jouissances esthétiques. Ils sont en particulier admirablement propres à nous donner avec précision la notion d'égalité entre deux ou plusieurs choses ; l'œil reconnaît immédiatement que deux grandeurs sont égales, que deux formes sont semblables, que deux corps ont la même couleur, le même éclat lumineux ; l'oreille nous fait facilement apprécier l'identité de hauteur de deux sons ; l'égalité d'espace, de temps, est accusée par la vue, l'ouïe, le toucher. Donc toutes les fois qu'une loi entraînera comme conséquence l'identité de deux ou plusieurs sensations, c'est-à-dire une impression réitérée, nous aurons l'intuition immédiate de l'existence d'une relation et par suite nous éprouverons une jouissance esthétique.

Maintenant le degré de la jouissance esthétique variera suivant l'étendue et l'importance de la loi qui se révèle, suivant la nature et la variété des im-

---

[1] Sans doute ces deux espèces de jouissance se rapprochent par certains côtés, la preuve en est que dans le langage ordinaire on parle souvent d'une belle démonstration, d'un beau théorème, mais au fond elles sont d'une nature essentiellement différente.

pressions ressenties : celles qui ne nous entraînent pas en dehors du monde physique et matériel ne pourront pas nous procurer une jouissance très élevée. Mais si les impressions que nous ressentons sont de nature à nous transporter dans le monde intellectuel, si elles touchent à nos sentiments humains, à nos affections, à nos souvenirs, à nos passions, elles développent en nous une jouissance plus profonde et plus intense ; celle du beau de l'ordre le plus relevé.

Ce que je viens de dire suffira, j'espère, à faire saisir le point de vue général de cette étude, sans qu'il soit nécessaire d'y revenir à chaque sujet nouveau que j'aurai à traiter. Je serai donc très sobre de ces considérations métaphysiques surtout dans la première partie de mon travail.

Les dessins répétés.

Un deuxième mode d'impressions réitérées pouvant se présenter dans un dessin plan, est la répétition d'une même figure. Le type le plus complet de ce mode, qui est constamment employé dans les arts décoratifs et que le mathématicien définirait comme correspondant à une fonction périodique, se rencontre dans ces dessins, indéfiniment reproduits sur une étoffe ou une tapisserie (fig. 15). C'est là quelque chose de tout différent de la symétrie : celle-ci peut faire complètement défaut sans que l'impression esthétique disparaisse. Ainsi l'ornementation connue sous le nom de *grecque* n'est pas symétrique, tout en reproduisant périodiquement le même dessin[1] (fig. 16).

Il en est de même des figures sans régularité, de bouquets par exemple, indéfiniment répétés. Quelques fois même les dessins égaux ne sont pas également espacés, ou bien ne sont pas semblablement orientés : s'ils sont nombreux, l'œil reconnaît facilement

Fig. 15

leur identité et la sensation esthétique peut se produire encore.

Toutefois la symétrie peut être jointe à la pério-

Fig. 16

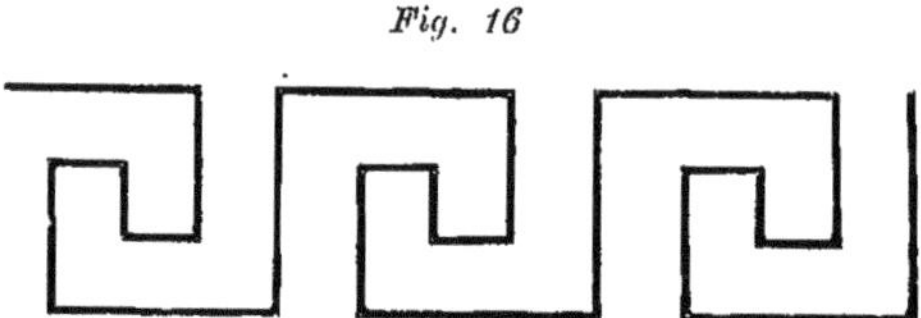

dicité du dessin ; et cela de deux manières : ou bien par répétition d'une figure symétrique par elle-même ; ou bien par la disposition symétrique de dessins

---

[1] Il est vrai que dans les grecques, comme dans beaucoup d'autres dessins utilisés pour l'ornementation, à côté de la répétition périodique de la même figure, il entre un autre mode d'impression réitérée, consistant en ce que le dessin reste le même lorsqu'on le retourne, de bas en haut. C'est une sorte de symétrie incomplète, sur laquelle je crois inutile d'insister d'avantage.

identiques. Dans ce cas l'impression esthétique provenant d'une double origine est en général renforcée.

Ici encore, comme pour la symétrie, il n'est pas nécessaire pour que la sensation esthétique se produise que les dessins périodiques forment réellement sur la rétine des images identiques : le plan sur lequel ils sont tracés peut être déformé, l'œil continue à percevoir l'égalité ; une étoffe peut être plissée, la régularité objective des dessins qu'elle porte n'en fera pas moins son œuvre, et même souvent la variété qui en résulte ajoute à l'effet éprouvé.

Les dessins semblables ou analogues.

Ce ne sont pas seulement les dessins *égaux* dont la répétition peut être utilisée; il suffit souvent que les dessins soient *semblables*, c'est-à-dire de même forme, mais de dimensions différentes, surtout si,

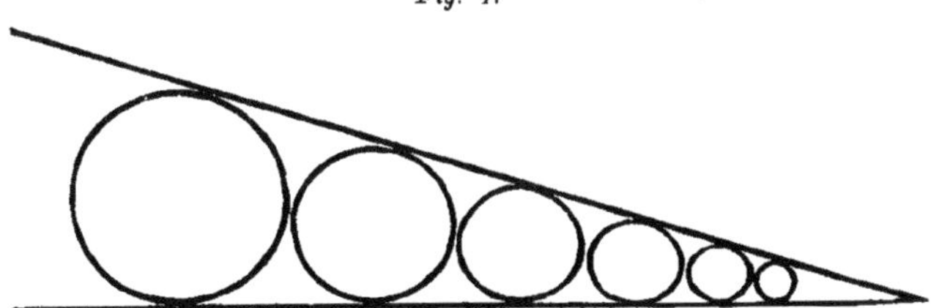

Fig. 17

dans leur reproduction périodique, la variation de grandeur s'effectue avec régularité.

On trouve de nombreuses applications de ce procédé esthétique aux arts décoratifs; c'est par exemple une série de cercles, d'ellipses allant graduellement en diminuant (fig. 17) : ou bien la reproduction d'un même ornement alternativement grand et petit, etc. Ces moyens sont fréquemment employés pour la décoration d'un objet non symétrique.

Cette aptitude de l'œil à saisir la similitude de forme, indépendamment de la dimension absolue, provient sans aucun doute de la grande habitude que nous avons de considérer un même objet placé à des distances différentes, ce qui sur la rétine donne lieu à des images semblables mais de grandeurs différentes. Notre organe devient ainsi apte à reconnaître, d'une manière immédiate et intuitive, les relations de similitude aussi bien que les relations d'égalité.

L'association que nous établissons ainsi entre deux objets semblables est donc basée sur un fait d'habitude, c'est-à-dire de mémoire; c'est là un élément que nous rencontrons pour la première fois, et nous aurons par la suite à constater de nombreux exemples du même genre. L'un d'eux trouve naturellement sa place ici.

L'impression esthétique peut être produite par la répétition de dessins qui ne sont pas semblables, mais qui ont entre eux une autre relation. Ainsi l'œil distingue facilement qu'il y a une analogie entre diverses ellipses qui diffèrent par le rapport de leurs axes, les deux termes extrêmes étant le cercle et la ligne droite. Ces figures trouvent leur application, surtout si elles sont symétriquement disposées.

La relation ou la parenté que nous trouvons entre le cercle et les ellipses de plus en plus allongées, jusqu'à la ligne droite (fig. 18) repose sur un fait d'habitude. Le cercle est une figure qui s'offre fréquemment à notre œil. S'il est placé dans un plan perpendiculaire à notre plan médian, son image sur la rétine

Fig. 18

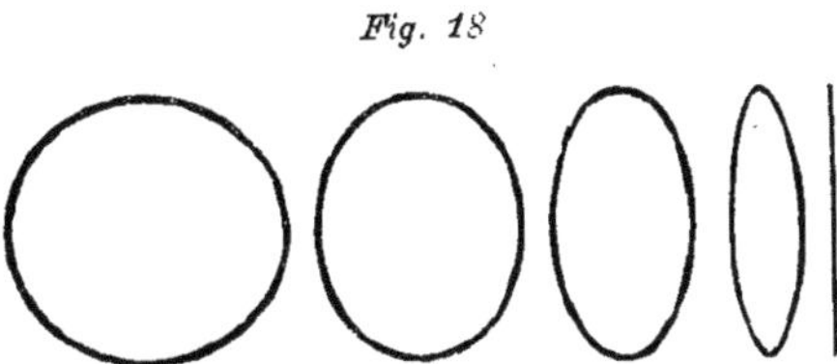

n'est pas déformée et il nous apparaît comme un cercle; mais si nous déplaçons progressivement le plan, l'image se transforme sensiblement en ellipses de plus en plus allongées, et quand notre œil se trouve dans le plan du cercle que nous regardons, l'image qui se forme sur la rétine se réduit à une ligne droite. Ainsi notre œil, par l'habitude de considérer le cercle sous des angles différents, arrive à établir entre ces diverses figures une analogie à laquelle la géométrie conduit également par la voie du raisonnement.

Nous nous bornons à cet exemple, il serait facile d'en trouver d'autres.

La continuité.

Si je ne me trompe, la beauté que l'on s'accorde à attribuer à la continuité dans les lignes, résulte encore d'impressions réitérées.

Le type le plus simple et le plus parfait d'une ligne continue est la ligne droite. Les caractères visibles qui la distinguent sont les suivants : 1° La ligne est partout identique à elle-même et toutes ses différentes parties sont superposables (propriété qu'elle ne partage qu'avec la circonférence du cercle, parmi les courbes planes). 2° Quel que soit l'angle ou le sens sous lequel on la regarde, elle apparaît toujours sous une forme identique, et comme on l'a dit, c'est une figure qui n'a pas de côtés.

Il résulte de là que l'œil, en se dirigeant successivement sur les différentes parties de cette ligne éprouve constamment la même sensation répétée; l'image qui se forme sur la rétine reste toujours égale et identique. Indépendamment des relations de symétrie dans lesquelles elle peut se trouver, la ligne droite est donc belle par elle-même; toutefois l'impression qu'elle nous produit est atténuée par le manque de variété et parce qu'elle se présente trop fréquemment à nous pour laisser une part à l'imprévu.

Lors même que, dans un dessin, la ligne droite n'est pas tracée d'un trait ininterrompu, si par exemple elle n'est marquée que par des points, ou si certaines portions en sont supprimées ou masquées, l'œil ne la reconnaît pas moins, et juge immédiatement qu'il est en présence de diverses parties appartenant à un même tout.

On peut en dire à peu près autant d'une circonférence de cercle dont toutes les parties sont identiques et superposables. Cependant l'impression produite par ces différentes parties n'est pas la même sur la rétine, parce que la direction de la ligne se modifie successivement; chaque portion déterminée est bien la répétition de la portion contiguë, mais avec un changement d'orientation qui, comme nous l'avons déjà remarqué, n'empêche pas l'œil de saisir l'identité; l'effet est théoriquement le même que celui d'une série de figures égales placées bout à bout dans des positions graduellement variées.

Pour les autres courbes, la continuité se manifeste en ce que la direction et la courbure des parties élémentaires contiguës varie par degrés insensibles. Ces parties étant placées bout à bout sont immédiatement reconnues comme appartenant à un même tout; chacune d'elles diffère aussi peu que possible de celle qui la précède et de celle qui la suit : l'analogie est donc évidente.

Pour celle de ces courbes que l'œil reconnaît par habitude, ou qui sont symétriques, ou encore qui sont plusieurs fois répétées dans le dessin, la ligne peut être interrompue ou masquée par un ornement sans que nous cessions d'en percevoir la continuité (fig. 19). Ces lacunes constituent même un élément de variété et d'imprévu, et sont pour cela souvent employées dans les arts décoratifs.

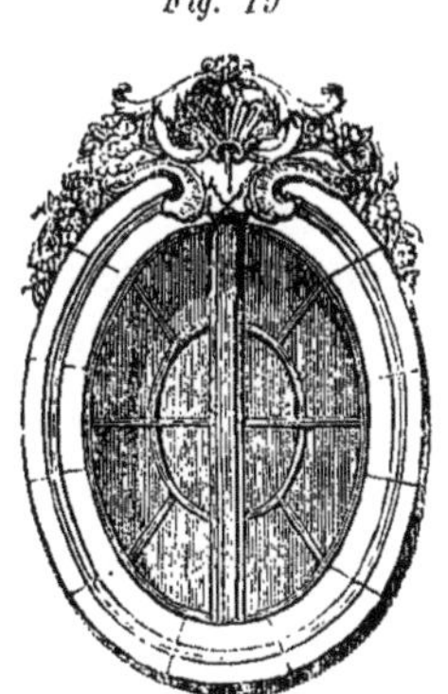

Fig. 19

A cette question de continuité, s'en rattache une autre. Très souvent un dessin est formé d'une réunion de lignes de même espèce; ainsi une grecque est faite de lignes droites assemblées; chacune de ces lignes provoque une impression semblable et communique aux différentes parties du dessin une parenté qui en rehausse l'effet esthétique. Souvent, pour que cet effet ne s'émousse pas par sa fréquente répétition, le dessinateur mélangera deux espèces de lignes, par exemple des lignes droites avec des cercles; l'œil en se promenant sur le dessin retrouve alternativement des impressions de deux genres différents (fig. 20).

Fig. 20

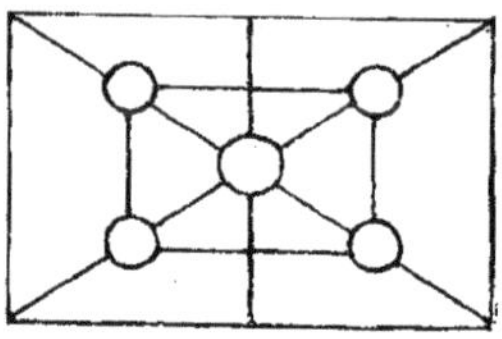

Cas moins importants dans le dessin.

Pour être complets nous pourrions étudier dans ce chapitre deux autres modes d'impressions réitérées susceptibles, théoriquement, de produire une sensation esthétique, mais d'un emploi si rare ou si difficile dans le dessin, que nous nous bornerons à une simple mention.

L'un de ces modes a trait à la science encore nouvelle de la géométrie de position; ses applications au dessin sont peu étendues; en revanche elles constituent un facteur important du beau dans la nature; nous aurons donc l'occasion d'y revenir.

Le second mode auquel nous faisons allusion consiste dans la reproduction non plus simultanée mais successive d'un même dessin; dans la périodicité dans le temps. Ce genre d'impression réitérée, qui est esthétiquement utilisé dans d'autres cas, par exemple dans la chorégraphie, n'est pas appliqué au dessin, sauf peut-être dans quelques jouets d'enfants. Pratiquement en effet, il serait difficile d'en réaliser l'emploi, et d'ailleurs les sensations intermittentes qui en résulteraient deviendraient vite fatigantes pour la vue. Nous renvoyons donc aussi son étude à un autre chapitre.

2. La forme dans l'espace.

La symétrie.

Après nous être occupés de la forme dans un plan ou du dessin proprement dit, nous devons passer à la forme dans l'espace avec ses trois dimensions. Notre tâche sera très abrégée par ce que nous avons déjà acquis dans la première partie de ce chapitre.

Le plan vertical médian dont nous avons parlé, partage l'étendue en deux parties symétriques, et joue dans l'espace un rôle comparable à celui de la ligne médiane dans un plan. On remarquera seulement que ce plan médian ne peut guère prendre corps matériellement : si nous supposions qu'il fût représenté par une paroi solide et mince il intercepterait la vue, et l'œil ne pourrait voir à la fois ce qui est à droite et ce qui est à gauche de ce plan. Mais nous pouvons toujours le tracer par la pensée, surtout si nous y sommes aidés par quelques points de repère.

Tout objet symétrique des deux côtés de ce plan détermine toujours sur notre œil une impression deux fois répétée engendrant une sensation esthétique. C'est là un fait d'une constante application dans les arts décoratifs et particulièrement dans l'architecture ; aussi ne voulons-nous pas fatiguer le lecteur par des développements qui ne seraient en quelque sorte que la reproduction de ce que nous avons dit de la symétrie dans un plan. Nous nous bornons aux remarques suivantes :

1º Dans les formes qui nous occupent, on emploie souvent une double symétrie; symétrie à droite et à gauche du plan médian (c'est la plus importante), et symétrie en avant et en arrière d'un second plan

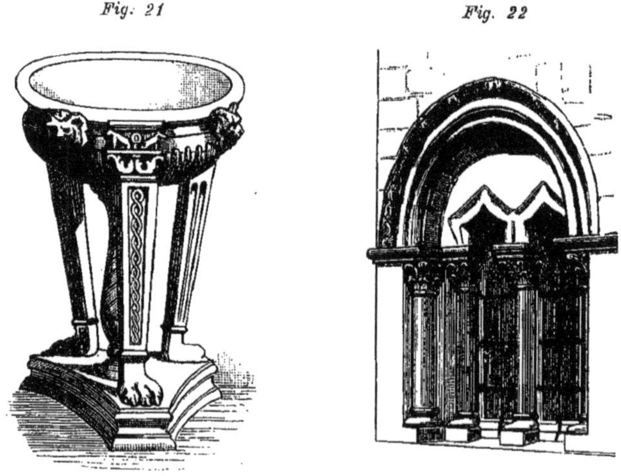

perpendiculaire au plan médian. On rencontre aussi une symétrie ternaire (trépieds, fig. 21), souvent même une symétrie étoilée plus complexe.

2º Comme nous l'avons déjà observé à propos du

dessin, il n'est pas nécessaire que le plan de symétrie coïncide de fait avec le plan médian de l'observateur : l'œil saisit très bien l'existence objective de
cette symétrie, bien qu'alors l'image qui se produit
sur la rétine se trouve déformée (fig. 22).

Dans cette faculté du sens de la vue de reconstituer la forme réelle des objets, les phénomènes de
vision binoculaire jouent un rôle important, plus
marqué pour l'appréciation des formes dans l'espace
que des formes dans un plan. La sensation du relief,
résultant de la différence des images qui se forment
dans notre œil droit et notre œil gauche, et qui se
fusionnent en une seule, est un fait d'habitude,
connu de tout le monde par ses applications au
stéréoscope.

Un observateur, en présence d'un objet symétrique
placé dans une position quelconque par rapport à
lui, reconnaît donc l'existence effective de la symétrie, et il a avantage à se déplacer, à changer plusieurs fois de position parce qu'il peut mieux apprécier ainsi la forme réelle et découvrir des parties de
l'objet qui précédemment n'étaient pas en vue. L'impression esthétique, en outre, est rehaussée par la
variété ou, si l'on veut, par un mode particulier
d'impression réitérée dont nous retrouverons de
nombreux exemples dans la suite : dans les sensations physiques successives que l'observateur éprouve
en considérant l'objet sous différents points de vue,
il y a un élément commun, c'est la forme, qui ne
change pas ; mais l'aspect sous lequel la forme appa-

raît, se modifie à chaque nouveau déplacement, il ravive et prolonge la jouissance esthétique[1].

3° Un objet symétrique comprend fréquemment des parties mobiles qui peuvent être temporairement amenées dans une position non symétrique sans que pour cela l'impression esthétique soit détruite. Quelques exemples éclairciront ce sujet.

Considérons un bâtiment au centre duquel se trouve une porte que l'architecte a faite à deux battants pour respecter la symétrie. L'un des battants peut être ouvert et l'autre fermé : la symétrie est rompue de fait; cependant l'observateur en reconnaît l'existence *virtuelle*; l'effet est bien meilleur que si la porte n'avait qu'un seul battant.

Un drapeau flotte au gré du vent au faîte d'un édifice, l'œil sent parfaitement que la symétrie se trouve là en puissance et qu'elle serait rigoureusement réalisée si le drapeau était tendu dans le plan médian de l'édifice.

On peut en dire autant des draperies ornant une salle: l'une peut être relevée (fig. 23), tandis que l'autre tombe librement, sans que l'on en soit choqué; au contraire, cette asymétrie accidentelle favorise presque tou-

Fig. 23

---

[1] Les différences d'aspect d'une forme donnée peuvent aussi résulter d'une diversité dans le mode d'éclairement, mais ici nous touchons aux questions de couleur que nous étudierons dans d'autres chapitres.

jours l'impression esthétique en apportant un élément de variété et d'imprévu.

Cette faculté que nous possédons de reconnaître intuitivement la symétrie virtuelle, provient en partie de l'aptitude de nos yeux à percevoir la forme des objets; mais elle dépend aussi d'un élément qui n'est pas purement physique : si nous n'avions pas l'idée que les battants d'une porte sont mobiles, si nous ne savions pas que l'étoffe d'un drapeau ou de draperies est souple et flexible, notions que nous avons antérieurement acquises par l'expérience, l'impression esthétique disparaîtrait sans doute.

Figures répétées, semblables ou analogues.

Nous n'avons pas besoin d'insister sur l'effet produit par la répétition d'une même forme périodiquement reproduite dans l'espace; l'architecture nous en fournit une multitude d'exemples, telles que les colonnes d'un temple grec, les fenêtres, les moulures identiques d'un édifice, etc.

Il en est de même des ornements semblables ou analogues qui trouvent leur application à la forme à trois dimensions aussi bien qu'au dessin sur un plan.

L'artiste emploie ces éléments esthétiques de différentes manières. Tantôt, il les joint à la symétrie, cumulant ainsi deux effets qui se rehaussent mutuellement. Tantôt lorsque par un motif quelconque il est obligé de sacrifier partiellement la symétrie, il les utilise pour masquer et racheter le défaut de régularité. Quelquefois il choisit ce mode d'impressions réitérées **comme** l'élément principal de son plan artistique. abandonnant la symétrie ou tout au moins la reléguant au second rang de sorte que l'ensemble, irrégulier, est formé de parties qui, prises isolément, sont plus ou moins symétriques et qui présentent les unes avec les autres une analogie évidente de formes et d'ornementation (fig. 24). Plus souvent encore l'artiste place la symétrie en première ligne en y

Fig. 24

soumettant son plan général, mais il la laisse de côté dans les détails entre lesquels il établit seulement une relation d'analogie (fig. 25)[1]. Ainsi, dans

Fig. 25

le style gothique, les grands édifices tels que les églises, sont habituellement symétriques dans l'ensemble, tandis que les ornements, tout en conser-

---

[1] Mayeux. *La composition décorative.*

vant un caractère commun, présentent la plus complète diversité (fig. **26**). L'œil frappé d'abord par

Fig. 26

l'impression de régularité du tout, se repose par l'examen des détails, pour revenir ensuite à l'ensemble, et trouve dans ces alternatives un charme que ne produirait pas la monotonie symétrique d'une même ornementation cent fois répétée[1].

Dans le fait la symétrie ne peut jamais être absolue, mathématique, il y a toujours des défauts d'exécution que l'œil n'aperçoit pas ou qu'il supporte; jusqu'où peut aller cette tolérance? c'est au tact de l'artiste à en juger et à en profiter pour introduire l'élément de variété dans son œuvre.

La continuité.

La continuité des surfaces et des lignes à double courbure exerce un effet esthétique tout à fait com-

---

[1] Nous pourrions nous étendre sur ce sujet, parler par exemple, des statues, des bas-reliefs, des peintures qui sont si fréquemment employés comme ornements analogues ; mais nous serions facilement entraînés dans le domaine des impressions intellectuelles et nous ne voulons traiter ici que des impressions physiques.

parable à la continuité des lignes planes, et si le lecteur, en remontant de quelques pages, veut bien relire ce que nous avons dit sur ce sujet à propos du dessin dans un plan, il lui suffira de quelques instants de réflexion pour reconnaître que tout à peu près s'applique à la forme considérée dans ses trois dimensions.

Le *plan* est la surface qui présente le caractère le plus complet de continuité esthétique : en chacun de ces points, il produit sur l'œil une impression identique. Viennent ensuite les surfaces de la *sphère* et du *cylindre* dont les diverses parties sont superposables, mais avec une différence d'orientation. Dans le *cône*, les différents éléments pris à égale distance du sommet sont superposables. La continuité des autres surfaces se manifeste de la même manière que celle des lignes : la direction et la courbure varient par degrés insensibles en sorte que l'analogie des parties contiguës ne saurait nous échapper.

Il est une classe de surfaces courbes qui mérite une mention spéciale, c'est celle des surfaces hélicoïdales (vis, colonnes torses, torsades) dont les différentes parties sont superposables et produisent par conséquent des impressions dont l'œil saisit l'identité[1]. En même temps ces surfaces réalisent la repro-

---

[1] Cette classe de surfaces peut être géométriquement définie en disant qu'elles sont engendrées par la révolution d'une figure plane autour d'un axe rectiligne, accompagnée d'un mouvement de déplacement régulier, parallèlement à cet axe. Si la figure plane génératrice est un angle V, dont le sommet est tourné vers l'axe, on obtient la vis : si c'est une S, on a une variété de colonne torse ; si c'est un C, on a une autre variété de colonne torse ; si c'est un cercle on obtient la forme en tire-bouchon. Si

duction périodique d'une même figure : tous les pas de la *vis* ou de l'*hélicoïde* sont pareils. Ce double caractère justifie l'emploi fréquent de ces formes malgré leur asymétrie. C'est ainsi qu'une colonne torse isolée, un escalier tournant, etc., peuvent produire un bon effet.

On rencontre souvent enfin des surfaces d'une forme générale continue, mais avec de petites moulures ou aspérités : telles sont les surfaces gaufrées, les étoffes, fourrures, etc.

3. L'impression de laideur.

Résumons ce que nous avons voulu dire dans ce premier chapitre uniquement consacré à la forme matérielle.

Un objet que nous considérons peut présenter en lui-même des qualités de beauté. Donner une définition de ce beau inhérent à l'objet indépendamment de l'impression qu'il peut nous produire, est un problème dont les métaphysiciens ont beaucoup cherché la solution sans y parvenir d'une manière satisfaisante : on ne le trouvera peut-être jamais et nous n'avons aucune prétention à y arriver. Mais à défaut d'une définition générale et complète, on peut soulever un coin du voile et entrevoir quelques caractères de ce beau qui réside dans l'objet. En ce qui con-

la figure génératrice se réduit à un point, on arrive à la ligne à double courbure appelée *hélice* qui est souvent appliquée à l'ornementation d'un cylindre.

cerne la forme, nous savons que la beauté est alliée à une loi qui régit cette forme. Suffit-il, pour que la forme d'un objet soit absolument belle, qu'elle réponde complètement à une loi quelconque ? Y a-t-il des degrés dans cette beauté en dehors de l'impression qu'elle nous produit ? Ce sont là des questions dont nous ne nous occupons pas plus que de chercher une définition.

Maintenant nous pouvons arriver à reconnaître cette loi qui constitue un caractère de la beauté objective, et cela par deux voies : celle du raisonnement et de l'expérience, et celle de l'intuition. Dans les deux cas notre esprit éprouve une satisfaction à découvrir la relation; mais cette satisfaction est d'une nature très différente dans un cas et dans l'autre. Si c'est par intuition la jouissance est esthétique.

Or, comme nous l'avons exposé en ce qui concerne la forme, cette intuition se réalise par des *impressions réitérées* perçues par le sens de la vue.

Nous avons ajouté que la variété est une condition nécessaire pour que la jouissance esthétique ne soit pas fugitive.

Examinons actuellement ce que c'est que l'impression de *laideur* opposée à l'impression de *beauté*. Est-ce qu'un objet dont la forme n'est régie par aucune loi que nous puissions découvrir nous paraîtra laid? Non ; ce sera un objet indifférent : une pierre irrégulière, un dessin formé de traits tracés au hasard sur le papier, ne sont ni beaux ni laids. Pour que nous ayons l'impression de laideur il faut que, *par intuition*, nous reconnaissions l'existence, la nécessité d'une loi, mais en même temps que cette loi soit violée :

Nous regardons le dessin qu'un artiste mal habile voulait faire symétrique; seulement il n'a pas réussi, il a fait des fautes; la prétention à la loi de symétrie est trop nettement accusée pour nous échapper, mais elle est violée; l'impression de laideur en résulte.

Nous voyons une étoffe à dessins périodiquement répartis, mais l'un d'eux est mal exécuté et inégal aux autres : c'est laid.

Un constructeur a bâti une maison généralement symétrique, mais pour quelque motif d'aménagement intérieur, il a fait une fenêtre qui sort de cette symétrie : c'est laid.

Dans un édifice d'architecture grecque, quelques colonnes n'ont pas les mêmes proportions que les autres, ou bien l'on n'a pas respecté la continuité des lignes; ce sera laid lors même que la symétrie serait parfaite. Ainsi donc, lorsque dans un objet, nous reconnaissons par intuition la légitimité d'une relation, l'existence d'une loi, nous éprouvons toujours une impression d'une nature esthétique; ce sera l'impression du beau si la loi est suivie; ce sera l'impression du laid si elle est violée.

Il faut remarquer que l'impression du laid, plus encore que celle du beau, variera avec le tempérament, les aptitudes, la culture esthétique de l'observateur. Tous les hommes n'ont pas au même degré la faculté d'intuition; elle peut, par nature ou par éducation, être plus ou moins développée.

Ainsi, voici une maison ancienne, d'une architecture charmante; au centre se trouve une porte « de l'époque, » mais qui a souffert de l'injure du temps : les ais en sont disloqués, les ferrures faussées, la symétrie est détruite. En regardant cette porte, l'observateur doué du sens artistique fait bon marché de ce défaut actuel de symétrie; il a vite fait de reconnaître la symétrie virtuelle; ce qui le charme c'est la grâce des moulures, la beauté des ornements s'harmonisant avec la décoration de la façade. Un homme sans culture esthétique remplacera tout bonnement ce qu'il appelle une vieillerie vermoulue, par une bonne porte neuve, en bon bois de chêne, avec des serrures modernes et deux poignées en laiton poli, en se disant : « Au moins comme cela, ce sera en ordre. » C'est que son niveau esthétique ne dépasse pas la symétrie.

Mais il y a plus : une loi peut ne pas être accusée par l'objet lui-même que l'on considère, et cependant être réclamée par l'observateur doué de culture esthétique. Voici une maison symétrique en bons matériaux, mais dont les fenêtres ne sont que des trous carrés percés dans les murs; pas d'encadrements, pas de corniches, pas d'ornement. Cette maison paraîtra belle à un paysan sortant de son hameau où ne se trouvent que des masures : la symétrie, qui est toujours si facile à saisir, le frappe et lui plaît. La même maison paraîtra laide à un observateur plus cultivé sachant que l'architecture a d'autres ressources que la symétrie, qu'elle peut utiliser la répétition des dessins, l'analogie dans l'ornementation, la continuité des lignes ; ces relations sont devenues pour lui si familières, que lors même que rien ne les accuse dans l'objet sous ses yeux, il en conserve par habitude le sentiment et le besoin intuitif; et quand elles font défaut, il en est désagréablement affecté, il y voit la violation d'une règle, il a l'impression du laid.

CHAPITRE II

1. Le rythme.

Nous passons maintenant aux impressions esthétiques que nous procure le sens de l'ouïe, c'est-à-
dire à la musique ou plutôt à l'acoustique musicale,
car ce n'est que la partie physique du sujet que nous
étudierons dans ce chapitre.

Nous commencerons par nous occuper du rythme.

Le sens de l'ouïe nous permet d'apprécier les
intervalles de temps qui séparent des sons successifs.

En premier lieu nous pouvons très facilement
juger que des bruits ou des sons qui se succèdent
sont également espacés. Ils peuvent être identiques
ou différents, peu importe, l'oreille reconnaît nettement ce caractère d'égalité de temps, et nous éprouvons par cette répétition régulière une sensation
esthétique dont on ne saurait contester l'importance
dans l'art de la musique.

Si le son qui se reproduit ainsi périodiquement
reste identique à lui-même, l'impression esthétique,
prononcée au début, ne tarde pas à s'affaiblir par

défaut de variété, lors même que le son présente quelque beauté par lui-même; tel est le cas dans la sonnerie d'une cloche. Si c'est un bruit non musical qui se répète, le caractère esthétique est plus limité encore et se change même souvent en une fatigue ou une souffrance [1].

Appelons *mesure* cet intervalle régulier au bout duquel se reproduit un son, et qui sert d'unité de temps en musique. Sa durée est arbitraire entre certaines limites : dans notre musique elle varie de cinq secondes à un quart de seconde; on la choisit en tenant compte de l'impression que l'on veut produire, et l'on peut changer de mesure, c'est-à-dire d'unité de temps en passant d'un morceau à un autre.

L'oreille est encore apte à reconnaître les divisions de cette unité : elle apprécie facilement un partage de la mesure en deux, trois ou quatre *temps*. Il faut alors que le premier temps de chaque mesure soit affecté d'un caractère particulier, par exemple d'une intensité plus grande; sans cela la subdivision donnerait le même effet que si l'on choisissait une mesure plus rapide. Une division de la mesure en nombres premiers supérieurs à trois, tels que cinq, sept, etc., ne se rencontre pas en musique (sauf de très rares exceptions). On utilise au contraire très fréquemment des divisions en nombres supérieurs à quatre et multiples de deux ou de trois; mais dans ce cas, c'est plutôt une subdivision du *temps* qu'une

---

[1] Voir la note de la page 5.

division de la *mesure* : le mouvement en six temps par exemple, est plutôt perçu comme une division en deux temps subdivisés chacun en trois sous-temps; de même pour les mouvements en huit, neuf, douze temps, etc. La division en dix ne se présente pas parce que ce serait une subdivision de deux temps en cinq sous-temps; subdivision déjà trop complexe pour être facilement saisie par l'oreille; il faudrait qu'elle y fut exercée.

Le nombre des mesures que l'on peut employer n'est point complètement arbitraire. Dans un rythme, qu'il s'agisse d'une marche de tambour, ou d'un morceau de musique, les *mesures* se groupent d'abord en *phrases*, puis les phrases en *parties* ou *périodes*, enfin un certain nombre de périodes s'ajoutent les unes aux autres pour former un air ou un morceau. Le plus souvent, surtout dans les morceaux ou le rythme constitue le caractère musical prédominant, comme dans les airs de danse, la partie est composée de quatre phrases comprenant chacune quatre mesures. En un mot les mesures doivent se grouper avec une certaine symétrie à laquelle l'oreille est très sensible, bien que l'égalité des périodes et des phrases soit moins frappante que celle des mesures.

C'est dans ce cadre régulier que se doit mouvoir le rythme.

En faisant entendre des suites de sons espacés d'une manière particulière sur ces divisions et ces subdivisions de durée, on obtient des dessins ou figures rythmiques, qui peuvent être variés à l'infini, sous la condition que la mesure et les temps de la mesure soient suffisamment marqués pour être reconnaissables à l'oreille.

Le dessin rythmique le plus simple est évidemment celui qui se réduit à un seul son ou note retentissant au commencement de chaque mesure, la note pouvant d'ailleurs être soutenue et prolongée pendant toute la mesure (*ronde* dans la mesure à quatre temps), ou ne durer que pendant un certain nombre de temps (*blanche*, *noire*, *croche*, etc., suivies d'un *silence*).

Ce dessin élémentaire, occupant une mesure, sera répété par exemple huit fois avec une accentuation un peu plus prononcée à la première et à la cinquième mesure, pour marquer les phrases; et l'on pourra alors considérer la figure entière comprenant les huit mesures, comme composée de deux dessins semblables correspondant aux phrases (ou parties de phrases) et composés eux-mêmes de quatre dessins élémentaires d'une seule note par mesure.

On peut modifier légèrement cette figure en changeant un peu la durée de certains sons; par exemple en prenant d'abord trois notes occupant toute la mesure suivies d'une note qui ne dure qu'un temps, ou bien l'inverse. On peut encore faire entendre un son à chaque temps, ou sous-temps, en conservant le caractère général d'égalité de l'intervalle rythmique. Très souvent les phrases ou membres de phrases, formés de notes égales, sont séparés par un silence.

Des mouvements aussi simples que ceux dont

nous venons de parler sont extrêmement monotones si le son répété est toujours le même (par exemple sur le tambour); mais en faisant varier le son musical des notes successives, ces dessins rythmiques sont susceptibles de produire d'excellents effets[1]. Les grands compositeurs sont souvent remarquables par leur sobriété dans le rythme.

On obtiendra d'autres dessins rythmiques de plus en plus compliqués en rendant les intervalles inégaux soit en ajoutant des notes sur les temps et les sous-temps, soit en remplaçant des sons par des silences, occupant une mesure, un temps, un sous-temps.

La répétition de ces figures rythmiques plus ou moins complexes est un des moyens esthétiques les plus employés en musique. L'oreille les reconnaît avec une grande facilité; il n'est même pas nécessaire que la répétition soit absolument rigoureuse; en particulier le dessin est presque toujours un peu modifié à la fin des phrases. Même lorsqu'on n'emploie qu'un seul son toujours identique à lui-même on peut obtenir par cette impression réitérée un effet très sensible, susceptible par exemple d'animer la marche, comme une batterie de tambours, ou d'accompagner la danse, comme le jeu des castagnettes.

---

[1] Je citerai comme exemple l'allegro de la *Symphonie pastorale* de Beethoven (*Réunion joyeuse des Campagnards*) dont les 8 premières mesures à 3 temps sont formées de notes égales (noires). La même figure rythmique est répétée un peu plus loin.

Dans cet exemple, comme dans ceux qui suivront, je choisis un peu au hasard, mais en ayant soin cependant de ne citer que des morceaux très connus.

La répétition de ces dessins rythmiques s'effectue d'un grand nombre de manières. Tantôt la figure rythmique n'est complète qu'au bout d'une phrase entière ; elle se répète à la phrase, ou aux phrases suivantes, sans changement sensible sauf peut-être à la fin de la partie[1].

Tantôt la répétition n'est que partielle ; quelquefois elle n'est qu'indiquée de manière à établir, non pas l'identité, mais une analogie prononcée[2]. Souvent la figure rythmique complète est elle-même composée de dessins plus courts, n'occupant qu'un membre de phrase[3], une mesure, même une fraction de mesure[4], et qui sont plusieurs fois répétés.

Il arrive aussi que la figure rythmique complète occupe une partie ou un air tout entier, qui se trouve reproduit deux fois ; mais alors ce n'est plus seulement le rythme, c'est aussi la mélodie et l'harmonie qui doivent être répétés plus ou moins exacte-

---

[1] Meyerbeer, *Huguenots, Serment du* 2me *acte*, « *Par l'honneur, par le nom...* » La même figure rythmique à 4 mesures, est répétée 3 fois identiquement ; dans la 4me figure terminant la partie, la répétition se borne aux premières mesures. On remarquera que les phrases *mélodiques* sont différentes, ce n'est que le rythme qui est identique.

[2] Delibes, *Lakmé, duo du* 2me *acte*, « *Dans la forêt près de nous...* » La première figure de 3 mesures est suivie d'une 2me figure très voisine, mais non identique ; la 3me figure est identique à la première ; les suivantes sont différentes mais avec une analogie évidente.

[3] Mozart, *Don Juan*, 1er *acte*, « *Là ci darem la mano...* » Dessin de deux mesures trois fois répété avec une légère variante à la demi-cadence terminant la première phrase. Ce dessin se retrouve encore plus loin et le morceau contient aussi d'autres dessins plusieurs fois reproduits.

[4] Mozart, *Noces de Figaro*, 1er *acte*, « *Non tu andrai, farfallone (Bel enfant...).* » Le dessin élémentaire d'une demi-mesure, ♪ · ♪ ♪ est répété 18 fois dans la partie, soit 3 fois au commencement de chaque membre de phrase.

ment. L'oreille ne pourrait guère conserver la mémoire d'une figure aussi longue si elle n'y était aidée par la qualité des sons[1].

En résumé on voit que le caractère esthétique du rythme s'allie à deux modes différents d'impressions réitérées : la mesure, c'est-à-dire l'égalité de durée dans les périodes; et la répétition des figures rythmiques.

2. Le son musical ou la continuité.

Le son résulte de vibrations de l'air mis en mouvement par les oscillations rapides d'un corps sonore.

Lorsque ces vibrations sont régulières et périodiques le son est musical, tandis qu'un bruit résulte de vibrations irrégulières et confuses.

Les divers sons musicaux se différencient les uns des autres, par leur durée cela va sans dire, puis par trois qualités sensibles à l'oreille : l'intensité, la hauteur et le timbre.

L'intensité dépend de l'amplitude des oscillations : plus les molécules dans leur mouvement vibratoire s'écartent de leur position d'équilibre, plus le son est fort.

La hauteur du son est liée à la rapidité des vibrations : plus leur nombre dans l'unité de temps

---

[1] Rossini, *Guillaume Tell*, duo du 1er *acte*, « *Ah! Mathilde, idole...* » Le thème, qui contient d'ailleurs quelques répétitions de dessin, forme dans son ensemble une figure rythmique très longue; il se répète deux fois dans le duo (la seconde fois à un ton plus haut que la première).

est petit, plus le son est grave ou bas; et plus ce nombre est grand, plus le son est aigu ou haut[1].

Le timbre est le caractère qui permet de distinguer des sons égaux d'intensité et de hauteur, par exemple le son du violon de celui de la flûte. Nous verrons plus loin quelle est son origine.

Après avoir rappelé ces définitions d'acoustique élémentaire, il importe pour l'intelligence du sujet, d'indiquer par quel mécanisme s'effectue la perception des sons dans l'oreille.

Mentionnons d'abord le principe connu de la *communication des mouvements vibratoires* (vibration par influence). Toutes les fois qu'un corps est animé d'un mouvement vibratoire, il transmet et communique son mouvement aux corps qui l'environnent, si du moins ceux-ci sont susceptibles de vibrer suivant la même période.

L'air, comme les autres milieux fluides, est susceptible de prendre toute espèce de mouvement vibratoire; par conséquent, conformément au principe énoncé, il peut être mis en vibration par tout corps vibrant lui-même ; les cordes d'un violon, tous

---

[1] La hauteur des sons employés en musique varie entre 16 *vibrations complètes* par seconde pour les plus bas (*ut*$_2$ des plus gros tuyaux d'orgue), jusqu'à 4096 par seconde (*ut*$_7$ note supérieure du piano à 7 octaves) ; on s'élève rarement au delà.

Nous parlons ici de *vibrations complètes*, c'est-à-dire comprenant l'*aller et le retour* du corps vibrant, et non pas des vibrations simples, dont deux forment une vibration complète. Dans la suite, toutes les fois que nous parlerons de vibration sans mention spéciale, il s'agira de vibrations complètes.

Cette remarque est nécessaire parce que l'ancien usage français, qui d'ailleurs tend à disparaître, est de compter en vibrations simples.

les instruments de musique, ébranleront la masse d'air qui les entoure, et ce mouvement se propagera ainsi dans toutes les directions.

A son tour l'air en vibration tendra à communiquer son mouvement aux autres corps que viendront frapper les ondes aériennes.

Quelques corps solides minces, comme les membranes tendues à la façon de la peau d'un tambour, sont aussi susceptibles de prendre indifféremment, tous les mouvements oscillatoires. Mettez du sable fin sur une de ces membranes, faites retentir dans le voisinage un son quelconque un peu intense, les grains de sable se mettront à sauter, preuve que la membrane a été ébranlée. Tel est le cas, dans l'oreille, de la membrane du tympan et de la membrane qui ferme la fenêtre ovale : les mouvements vibratoires de l'air arrivent jusqu'au tympan et l'ébranlent; le tympan transmet à son tour le mouvement à la membrane de la fenêtre ovale par l'intermédiaire de l'air qui remplit la caisse du tympan et de la chaîne des osselets qui les relient. La membrane de la fenêtre ovale ébranlée, communique les mouvements vibratoires au liquide qui remplit l'oreille interne et dans lequel baignent les extrémités des filaments des nerfs auditifs. Il nous reste à voir comment le mouvement du liquide de l'oreille interne se transmet à ces filaments nerveux.

Si quelques corps solides comme les membranes peuvent prendre toute espèce de mouvement vibratoire, ce n'est pas là le cas général.

Ordinairement un corps solide ne peut vibrer que

suivant une seule période, correspondant à une note d'une hauteur déterminée; et par suite il n'est ébranlé que par les sons ayant la même hauteur, ou une hauteur très voisine. Ainsi les cordes d'un piano sont accordées pour produire en vibrant une grande série de sons d'une hauteur différente. Réciproquement, si près d'un piano dont on a soulevé les étouffoirs, on fait entendre un son énergique, par exemple en chantant fortement sur une note déterminée, il est facile de reconnaître que la corde du piano correspondante à la même note, entre en vibration; toutes les autres cordes restent immobiles. Si l'on fait retentir un autre son, si l'on chante sur une autre note, la vibration se communique à une autre corde du piano, celle qui produirait elle-même ce nouveau son.

Il se passe quelque chose d'analogue dans l'oreille. Comme l'a dit M. Helmholtz, si nous pouvions relier chaque corde du piano avec un filament nerveux qui serait excité chaque fois que la corde entre en vibration, les sons extérieurs détermineraient une série d'impressions correspondant exactement aux sons simples composants : les tons de hauteur différente affecteraient des filaments nerveux différents et par conséquent les sensations correspondantes seraient complètement séparées.

Cette comparaison fait comprendre la théorie adoptée aujourd'hui pour l'explication de la perception des sons, et cette hypothèse est tout à fait compatible avec les résultats de l'étude microscopique de l'oreille. On a observé en effet, que l'extrémité de chaque filament du nerf acoustique est reliée avec un corpuscule ou un filament élastique : on peut donc supposer que ces parties élastiques sont susceptibles de prendre le mouvement vibratoire par communication.

On trouve de ces corpuscules élastiques terminant les nerfs dans plusieurs parties de l'oreille interne. M. de Helmholtz considère comme le plus probable que c'est dans l'organe appelé le *limaçon* que l'impression des sons musicaux se transmet aux nerfs, tandis que d'autres organes seraient plutôt affectés par les bruits. La surface du limaçon est en effet tapissée par les *fibres* ou *arcs de Corti* auxquels on attribue le rôle que remplissaient les cordes du piano dans la comparaison que nous faisions tout à l'heure, avec cette différence que leur nombre est beaucoup plus grand; c'est comme un piano ayant une multitude de cordes, dont la hauteur varierait par degrés très petits. Il y a environ 3000 fibres de Corti, ce qui, pour l'ensemble des sons perceptibles, forme un nombre considérable permettant de supposer une gradation presque insensible de sons propres; et lors même que l'oreille serait frappée par un son intermédiaire ne correspondant au son propre d'aucun filament, la perception s'effectuerait encore parce que les filaments les plus rapprochés d'être en accord entreraient encore en vibration. Ainsi l'on admet que ce sont des arcs de Corti différents, et par conséquent des fibres nerveuses différentes, qu'affecte chaque son simple; un son composé agit à la fois sur différents filaments correspondant chacun à une certaine sensation déterminée. La faculté d'apprécier la gravité ou l'acuité d'un son réside donc en ce que pour chaque hauteur de son, un certain nombre de fibres nerveuses déterminées se trouvent excitées, les autres ne l'étant pas : nous avons des nerfs spéciaux pour chaque note.

Cela dit examinons de plus près la différence qu'il y a entre un son musical et un bruit. Un son musical résulte de vibrations régulières, périodiques et durant un certain temps. Un bruit ne présente pas ces caractères ; c'est ou un son musical d'une durée si courte que l'oreille n'a pas le temps d'en apprécier la hauteur [1], ou bien un son d'une certaine durée, mais dont les vibrations irrégulières affectent à chaque instant des fibres nerveuses différentes.

Il suit de là qu'un bruit n'a pas le caractère de continuité, tandis que le son musical le possède. L'impression qu'un son musical produit au premier instant, se reproduit dans les instants suivants, impression réitérée qui entraîne une sensation esthétique. Il y a là une analogie, facile à saisir, avec la continuité d'une ligne dans le dessin.

Lorsque le son musical pendant toute sa durée conserve la même intensité et le même timbre, sa continuité est parfaite; par cela même la variété fait défaut. Mais le sentiment de continuité persiste si le son va en augmentant ou en diminuant graduelle-

---

[1] Ou plus exactement d'une durée trop courte pour que les arcs de Corti correspondant à sa hauteur puissent entrer en vibration ; tout en restant suffisante pour affecter les autres corpuscules qui ne sont pas situés dans le limaçon.

ment d'intensité : ce sont toujours les mêmes nerfs qui sont affectés, ils sont seulement plus ou moins énergiquement excités et l'impression, à un instant donné, diffère aussi peu que possible de l'impression à l'instant qui précède ou qui suit.

Lorsque le son s'enfle et s'affaiblit périodiquement plusieurs fois de suite, sans changer de hauteur, l'impression de continuité n'est pas détruite pourvu que ces variations ne se succèdent pas trop rapidement; si elles ne se répètent que cinq ou six fois par seconde, si on peut les compter, elles conservent leur caractère esthétique. Le tremblement intentionnel du violoncelle, celui de la voix humaine, la même note rapidement répétée sur un instrument quelconque en sont des exemples, et produisent souvent d'excellents effets en musique. Cependant cet effet doit être ménagé et dégénère facilement en une fatigue, comme toutes les sensations intermittentes.

Si les variations d'intensité deviennent plus rapides, l'impression pénible d'intermittence va en augmentant : pour 15, 20 ou 30 variations dans la seconde la sensation devient très désagréable (comme celle d'une lumière qui vacille); c'est le sentiment d'un son *faux* que l'on éprouve. Enfin si les variations d'intensité deviennent beaucoup plus fréquentes (100 à 120 par seconde) la sensation peu à peu reprend sa continuité : il y a en effet persistance dans l'ébranlement des nerfs acoustiques, comme il y a persistance des impressions sur la rétine pour une lumière dont les intermittences sont très rapides.

Voyons maintenant quel sera l'effet produit par deux sons simultanés. S'ils ont rigoureusement la même hauteur, leur effet s'ajoute algébriquement, tous deux affectent les mêmes nerfs, et se fondent en un seul. Si la hauteur des deux sons cesse d'être rigoureusement la même, la différence restant très petite, ce sont encore sensiblement les mêmes nerfs qui sont affectés, mais il y a une variation périodique dans l'intensité de l'impression : tantôt les effets des deux vibrations s'ajoutent, tantôt ils se compensent; et il se produit de cette manière ce que l'on appelle des *battements*, d'autant plus lents que les deux sons simultanés sont de hauteur plus rapprochée. Ainsi deux sons dont l'un résulte de 435 vibrations et l'autre de 434 par seconde produiront des battements se reproduisant une fois par seconde : l'impression sera celle d'un son unique variant périodiquement d'intensité et comme la période est lente, l'impression est suffisamment continue pour ne pas choquer l'oreille. Mais si l'écart est plus grand, si l'un des sons résulte de 435 et l'autre de 425 vibrations, on a 10 battements par seconde, l'impression d'intermittence commence à se produire fortement; on a la sensation *du faux*, de la dissonance. L'écart grandissant, les battements s'accélèrent; l'impression devient plus pénible encore; elle atteint un maximum de dissonance, après quoi l'écart augmentant toujours, l'effet de dissonance cesse graduellement de se produire, d'une part parce que les battements deviennent trop rapides, et d'autre part parce que ce ne sont plus les mêmes nerfs qui sont affectés par les deux sons : ceux-ci ne se fusionnent plus ; on les distingue nettement l'un de l'autre.

Nous avons dans ce qui précède, supposé deux *sons simples*; or la production de sons simples est très rare, très difficile à réaliser : généralement les sons que l'on emploie en musique, sont composés de plusieurs sons simples que l'oreille arrive à distinguer surtout à l'aide de quelques artifices expérimentaux. On les nomme les *sons partiels* ou les *harmoniques* du son fondamental. Le premier, le plus grave, est le son fondamental lui-même, c'est-à-dire le ton de la note qu'on veut jouer; c'est presque toujours le plus intense de tous les sons partiels. Le second son partiel (ou premier harmonique) résulte d'un nombre double de vibrations, le troisième d'un nombre triple, le quatrième d'un nombre quadruple, etc. Ainsi lorsqu'on donne une note sur un instrument de musique, l'oreille entend simultanément : cette note ou le son fondamental (*ut*$_1$ par exemple), l'octave de cette note (*ut*$_2$) la double quinte (*sol*$_2$), la double octave (*ut*$_3$) la triple tierce (*mi*$_3$) la triple quinte (*sol*$_3$), la septième harmonique (qui sort de l'échelle musicale) la triple octave (*ut*$_4$), etc. Ces sons partiels n'ont point tous la même intensité, et deviennent en général de plus en plus faibles à mesure qu'ils s'élèvent : la différence du *timbre* résulte principalement des différences d'intensité des sons partiels; pour tel instrument leur diminution de force sera graduelle[1], pour tel autre les sons d'ordre impair seront insensibles, etc. Si les sons élevés, comme les 7me, 8me et 9me, conservent quelque énergie, ils donnent lieu à des battements rapides parce qu'ils sont rapprochés de hauteur et qu'ils affectent les mêmes nerfs; les battements donnent au son un caractère rauque et aigre. C'est le cas de certains instruments à vent (orgue expressif, instruments de cuivre) dont le timbre est moins doux, moins continu que celui des instruments à corde pour lesquels les battements des harmoniques très élevés sont trop faibles pour impressionner l'oreille.

Lorsqu'on fait entendre simultanément deux sons composés quelconques, il arrive habituellement qu'il se produit des battements rapides et énergiques entre deux ou plusieurs de leurs sons partiels : l'impression de discontinuité ou de dissonance en est le résultat ordinaire. Il n'y a qu'un petit nombre de cas où ces battements n'existent pas, ou tout au moins sont trop faibles pour être perceptibles; c'est lorsque les deux notes fondamentales ont entre elles un intervalle reconnu comme consonant en musique[2].

[1] M. de Helmholtz indique dans son ouvrage les différences d'intensité des harmoniques pour un grand nombre d'instruments.

[2] Le tableau suivant donne la série des harmoniques pour les diverses notes de la gamme, jusqu'à la hauteur du sixième son partiel de l'*ut* :

ut_1	ut_2	sol_2	ut_3	mi_3	sol_3
$ré_1$	$ré_2$	la_2	$ré_3$	$sol\flat_3$	la_3
$mi\flat_1$	$mi\flat_2$	$si\flat_2$	$mi\flat_3$	sol_3	
mi_1	mi_2	si_2	mi_3	$la\flat_3$	
fa_1	fa_2	ut_3	fa_3	la_3	
sol_1	sol_2	$ré_3$	sol_3		

Nous arrivons ainsi à l'explication de l'effet esthétique des consonances musicales : ce sont des sons dont la continuité n'est pas troublée par de rapides battements [1].

$la^{\flat}_1$	$la^{\flat}_2$	$mi^{\flat}_3$	$la^{\flat}_3$
la_1	la_2	mi_3	la_3
si_1	si_2	$sol_3{}^{\flat}$	
ut_2	ut_3	sol_3	
$mi^{\flat}_2$	$mi^{\flat}_3$		
mi_2	mi_3		
fa_2	fa_3		
sol_2	sol_3		

Les intervalles consonants sont les suivants :

Unisson ($ut_1 - ut_1$); Octave ($ut_1 - ut_2$); Douzième ($ut_1 - sol_2$), et généralement tous les intervalles égaux à ceux des sons partiels. Consonance absolue. Tous les sons partiels de la note supérieure sont compris parmi ceux de la note inférieure.

Quinte ($ut_1 - sol_1$). Consonance excellente ; le sol_2 et le sol_3 sont communs aux deux notes, légers battements entre ut_3, $ré_3$, mi_3.

Quarte ($ut_1 - fa_1$). Consonance très bonne, quoique inférieure à la quinte. L'ut_3 est commun aux deux notes, battements entre fa_2 et sol_2, et entre mi_3, fa_3, sol_3. Tierce majeure ($ut_1 - mi_1$) et sixte majeure ($ut_1 - la_1$). Coïncidence sur le mi_3, battements entre les autres harmoniques. Consonance moyenne.

Tierce mineure ($ut_1 - mi^{\flat}_1$); la première coïncidence se fait sur le sol_3, battements entre le $si^{\flat}_2$ et l'ut_3, entre le $mi^{\flat}_3$ et le mi_3, consonance imparfaite.

Sixte mineure ($ut_1 - la^{\flat}_1$); ne donne de coïncidence que sur l'ut_4, huitième son partiel de la tonique, battements sur les autres harmoniques. Consonance très imparfaite, acceptée plutôt comme étant le renversement de la tierce majeure.

La double quarte, les doubles sixtes majeure ou mineure, la double tierce mineure sont moins bonnes que les simples. Tous les autres intervalles de la gamme et à fortiori les intervalles étrangers à échelle musicale (sauf l'intervalle 7 : 4 ($ut_1 - si^{\flat}$ bas) qui est aussi consonant que la sixte mineure) sont dissonants, parce qu'ils donnent lieu à des battements rapides et énergiques.

[1] Nous devons ajouter qu'à cette explication des phénomènes de consonance et de dissonance, s'adjoint l'influence de ce qu'on appelle les *sons de combinaison* ou *sons résultants*. Lorsqu'on produit simultanément deux sons, non seulement on les entend tous les deux, mais on en distin-

Des intervalles non consonants sont, il est vrai, employés en musique; mais leur rôle consiste principalement à introduire de la variété, et à rendre plus sensible à l'oreille le retour à l'impression agréable de la consonance. Nous aurons d'ailleurs à revenir sur cet emploi des dissonances.

Ce que nous avons dit sur l'effet de deux sons retentissant ensemble peut s'étendre à des accords de trois, quatre ou un plus grand nombre de notes simultanées.

Pour qu'un accord puisse être consonant, il faut que, prises deux à deux, les notes qui le composent soient consonantes entre elles. On reconnaît ainsi que dans l'étendue d'une octave les accords consonants de trois notes sont les accords appelés *parfaits* composés d'un son, de sa tierce (majeure ou mineure), et de sa quinte, ces intervalles pouvant être renversés [1].

---

gue encore un troisième dont le nombre de vibrations est la différence des nombres de vibrations des sons donnés.

Ainsi jouons ensemble le *sol₃* (384 vibrations) et l'*ut₃* (256 vibrations), on entend à la fois ces deux notes et leur son de différence *ut₂* (384 — 256 = 128 vibrations). Si l'on donne l'intervalle d'octave *ut₃* et *ut₂* le son résultant est *ut₂*; quand l'octave est *juste*, l'*ut* son résultant, coïncide avec l'*ut₂* donné directement, et l'oreille est satisfaite : mais si l'octave n'est pas juste, la coïncidence n'existe plus et le son résultant qui se produit toujours détermine des battements avec l'*ut₂* donné (par exemple 260 — 128 = 132 vibrations). L'effet de ces sons de combinaison, variable pour chaque intervalle, devient encore plus sensible lorsqu'on joue plus de deux notes simultanées et influe notablement sur l'impression produite par les accords.

[1] Par exemple :

ut	mi	sol		ut	mi♭	sol
mi	sol	ut		mi♭	sol	ut
sol	ut	mi		sol	ut	mi♭

En terminant cette démonstration de la continuité des accords consonants, nous devons dire qu'elle est complètement empruntée à M. de Helmholtz; la seule idée que nous y ayons ajoutée, c'est d'établir qu'ici, comme pour la continuité des lignes ou des surfaces, l'effet esthétique se rattache à une impression réitérée : la sensation à un instant donné est la même que dans l'instant qui précède ou qui suit.

3. La mélodie.

Dans l'article précédent, nous n'avons considéré que l'effet produit par un son simple, composé ou complexe, agissant isolément. Nous avons maintenant à nous occuper de la succession de sons musicaux divers.

Il faut distinguer ici la *mélodie*, c'est-à-dire l'emploi successif de notes de différentes hauteurs et l'*harmonie*, c'est-à-dire l'emploi successif d'accords variés.

Nous examinerons dans cet article ce qui concerne la mélodie.

Tout le monde sait que pour produire une impression esthétique on ne peut pas jouer des sons quelconques placés au hasard à la suite les uns des autres : il faut qu'il y ait entre les sons de certains rapports de hauteur constituant l'échelle musicale. Cherchons quelles sont les règles qui fixent ces rapports.

ou encore :

ut	*fa*	*la*	
ut	*fa*	*la*♭	et leurs renversements.
ré	*sol*	*si*	

1º Nous avons d'abord à signaler un caractère de la plus haute importance, c'est celui de la *tonalité*. Il y a dans une mélodie une note principale, appelée la *tonique*, que l'on fait entendre presque toujours au commencement de l'air, sur laquelle on revient souvent à la fin des phrases et presque sans exception à la fin des périodes. Cette note tonique peut être choisie arbitrairement, c'est-à-dire qu'elle peut résulter d'un nombre quelconque de vibrations; mais une fois choisie on doit la conserver. Il est vrai que l'on peut changer de tonique, c'est ce qu'on appelle une *modulation;* mais si l'on abandonne passagèrement ou définitivement une tonique c'est pour en reprendre immédiatement une autre qui soit dans un rapport déterminé de hauteur avec la première. Nous prendrons d'abord le cas le plus simple, celui où l'on conserve la même tonique pendant toute la durée de la mélodie.

Le caractère esthétique de la tonalité repose sur une impression réitérée évidente : on a choisi une note principale, d'où l'on part et à laquelle on revient; c'est un centre autour duquel se groupent les autres notes, dont nous allons chercher les rapports avec la tonique.

2º Comme nous l'avons vu, les sons des instruments de musique sont composés de sons partiels affectant des nerfs différents. En entendant la tonique, l'oreille a donc reçu l'impression non seulement du son fondamental qui la détermine, mais encore de toute la série de ses harmoniques. Cette tonique étant prise comme point de départ, on pourra la faire suivre d'une autre note dans laquelle l'oreille retrouve un ou plusieurs des six premiers sons partiels qu'elle a entendus dans la tonique[1] : impression réitérée produisant une sensation esthétique. Quelles sont ces notes?

a) En se reportant au tableau donné en note à la page 54, on a d'abord, cela va sans dire, la tonique répétée une seconde fois : tous les harmoniques du premier son se retrouvent dans le second ; il ne pourra y avoir que des différences d'intensité absolue, ou de timbre, c'est-à-dire des différences d'intensité relative des sons partiels.

b) On a en second lieu une note résultant d'un nombre double de vibrations, l'octave, dans laquelle l'oreille reconnaît la moitié des sons partiels qu'elle avait entendus dans la tonique. La parenté des deux sons est donc extrêmement rapprochée. La ressemblance est presque une identité. Il en sera de même à peu près pour la double et la triple octave supérieures et pour les octaves graves de la tonique.

c) Viennent ensuite la quinte, la quarte, la tierce et la sixte majeures, la tierce mineure et leurs octaves. Tous ces intervalles font partie de l'échelle musicale, ont avec la tonique au moins un son partiel commun, et présentent ainsi avec elle une parenté évidente que l'on peut appeler parenté au premier degré. Ces notes sont précisément celles qui, jouées *en même temps* que la tonique, produisent une conso-

---

[1] On ne va pas au delà du 6me son partiel, car les suivants sont trop faibles pour être bien sensibles et de plus ils introduiraient une grande complication.

nance comme nous l'avons vu à l'article précédent.

3° A ces notes parentes au premier degré viennent s'ajouter les notes que l'on peut appeler parentes au deuxième degré : ce sont celles qui n'ont pas avec la tonique d'harmonique commun, mais qui sont parentes au premier degré des notes parentes elles-mêmes au premier degré avec la tonique. Ainsi la seconde, qui fait partie de la gamme, n'a pas de son partiel se retrouvant parmi ceux de la tonique, mais en a parmi ceux de la quinte; on peut en dire autant de la septième majeure ou mineure. Ces trois notes[1] parentes au deuxième degré de la tonique par l'intermédiaire de la quinte ont une importance particulière dans l'échelle musicale; effectivement, soit dans le prélude qui précède une mélodie, soit dans l'harmonie qui l'accompagne, soit dans la mélodie elle-même, on a presque toujours entendu la quinte avant la seconde ou la septième, de sorte que la parenté au deuxième degré est sensible par la répétition d'un son partiel déjà entendu. En outre elles servent de notes de passage établissant un intermédiaire entre la tonique et la tierce, entre la sixte et l'octave.

Les autres notes parentes au deuxième degré par l'intermédiaire d'un autre intervalle que celui de la quinte ont une importance secondaire : elles n'entrent dans la mélodie que comme broderies, notes de passage ou ornements; généralement elles ne

---

[1] Il n'y a pas lieu de parler des autres notes parentes de la quinte au premier degré, car elles sont déjà parentes au premier degré de la tonique (la tonique étant *ut*$_1$, et la quinte *sol*$_1$, ces notes sont la quarte du *sol*, soit l'*ut*$_2$, la sixte majeure du *sol* soit *mi*$_2$ la sixte mineure soit *mi*$^b_2$).

sont pas données sur un temps fort, au commencement d'une mesure.

Il est facile de voir qu'elles complètent l'échelle
de douze notes séparées par un intervalle de demi-
ton dans l'étendue d'une octave; et toutes ces notes
pourront être reproduites dans d'autres octaves [1].

4° L'emploi des notes de passage, qu'il s'agisse de
celles qui sont parentes au premier degré de la
quinte, ou des autres qui servent de broderie,
mérite d'arrêter notre attention. Il se rattache à un
mode de continuité spéciale, celle d'un son qui
passe du grave à l'aigu, ou inversement, par degrés
insensibles. Cet effet est très souvent employé en
musique, sur le violoncelle par exemple, ou dans le

---

[1] Je suppose ici pour simplifier que l'on emploie l'échelle musicale *tempérée* adoptée presque universellement en pratique, et dans laquelle on
identifie une note *diézée* avec la seconde *bémolisée*. Je renvoie à l'ouvrage
de M. de Helmholtz pour ce qui concerne l'échelle musicale sans tempérament.

Dans l'échelle musicale tempérée, les notes sont donc, en prenant *ut*
pour tonique :

Tonique	*ut*		
Seconde mineure	*ut*♯	ou *ré*♭	Sixte du *mi*, et sixte mineure du *fa*.
Seconde majeure	*ré*		Quinte du *sol*.
Tierce mineure	*mi*♭	ou *ré*♯	Premier degré.
Tierce majeure	*mi*		»
Quarte	*fa*		»
Quarte augmentée	*fa*♯	ou *sol*♭	Sixte majeure du *la*, tierce mineure du *mi*♭.
Quinte	*sol*		Premier degré.
Sixte mineure	*la*♭	ou *sol*♯	»
Sixte majeure	*la*		»
Septième mineure	*si*♭	ou *la*♯	Tierce mineure du *sol*, quarte du *fa*, quinte du *mi*♭.
Septième majeure	*si*		Tierce du *sol*.
Octave	*ut*		Premier degré.

chant (portamento, notes traînées, notes liées). Il tire sa raison d'être de ce que tous les nerfs de l'ouïe sont successivement ébranlés, et comme les nerfs accordés pour une certaine hauteur exacte commencent à être ébranlés par un son d'une hauteur voisine, ils reçoivent tous successivement une impression assez durable pour être perçue : c'est comme une vague qui passe, en produisant une action semblable sur les divers filaments nerveux, en réunissant l'impression dés uns à l'impression des autres. Il est nécessaire que ce son traîné commence et finisse sur une note de l'échelle musicale. Il faut aussi que la transition soit rapide, sans quoi l'oreille aurait le temps de saisir au passage les parentés plus ou moins rapprochées avec la tonique, ce qui romprait la continuité; d'ailleurs la lenteur de transition ne cadrerait pas avec le rythme.

L'effet d'un son traîné, d'ailleurs irréalisable sur les instruments à sons fixes, peut toujours être partiellement remplacé par des notes intermédiaires qui, tout en se prêtant au rythme, relient les unes aux autres par une impression commune les notes principales de la mélodie.

On emploie pour ces notes de passage, tantôt des intervalles de demi-tons, c'est le genre *chromatique*, tantôt des intervalles d'un ton, c'est le genre *diatonique;* mais dans ce dernier genre (quand on conserve la même tonalité) tous les intervalles ne sont pas d'un ton entier; il y a dans la gamme deux intervalles de demi-ton : en effet, si partant de la tonique, on montait jusqu'à l'octave par tons entiers, on laisserait de côté les notes qui ont le plus de parenté avec la tonique, soit la quarte et la quinte.

Dans le mode majeur, en partant de la tonique *ut*, on a deux intervalles d'un ton, *ré, mi;* puis un intervalle de demi-ton, *fa;* on passe à la quinte, *sol,* par un intervalle d'un ton; puis, partant de la quinte, on a de nouveau deux intervalles d'un ton, *la, si,* et finalement un intervalle de demi-ton pour finir sur l'octave. On a donc une certaine similitude de hauteur dans les deux moitiés de la gamme.

Dans le mode mineur, l'intervalle de demi-ton de la première moitié de la gamme est placé après la seconde, *ré, mi*♭. Quant au second intervalle de demi-ton il est moins bien déterminé; pour la similitude avec la première moitié de la gamme, il devrait se trouver entre la sixte et la septième (*la, si*♭); mais habituellement on le déplace en le reportant entre la septième et l'octave dans la gamme ascendante (*sol, la, si, ut*) et entre la sixte et la quinte dans la gamme descendante (*ut, si*♭*, la*♭*, sol*)[1].

Nous arrivons ainsi à la fixation de deux gammes, majeure et mineure, dont l'une ou l'autre devra régir la mélodie, les notes qui la composent se retrouvant sur les temps forts. Les notes étrangères

---

[1] Cette variabilité de la gamme mineure se justifie par des raisons de l'ordre harmonique, mais aussi par le fait suivant. Nous avons vu que la mélodie devait ramener finalement la tonique (ou son octave). D'après cette règle la gamme doit se terminer sur l'*ut;* la note précédente *si* (note sensible) excite déjà les nerfs correspondant à l'*ut,* et rappelle ainsi la tonique qu'elle prépare. Dans la gamme descendante on peut dire aussi que la sixte mineure, *la*♭, appelle la quinte *sol* sur laquelle se fait un demi-repos.

pourront être adjointes sur les temps faibles comme broderie des notes propres de la gamme, dont elles ne devront s'écarter que d'un ton ou d'un demi-ton. Le rapport entre ces notes étrangères et les notes de la gamme qui forment le canevas de la broderie repose sur ce que ce sont en partie les mêmes nerfs qui sont excités[1].

5o Nous avons vu à propos du rythme qu'un morceau de musique se divise en périodes et les périodes en phrases; nous avons déjà dit que tant qu'une mélodie conserve la même tonalité, les périodes doivent normalement se terminer sur la tonique (cadence mélodique parfaite). La fin des phrases doit elle-même se faire sur une note qui rappelle suffisamment la tonique pour maintenir l'unité de la mélodie, tout en évitant la monotonie de plusieurs phrases s'arrêtant toutes sur la tonique même. Le plus souvent c'est sur la quinte que s'effectue cette demi-cadence; mais on admet aussi comme terminaison des phrases les autres notes faisant partie de l'accord de *dominante* (*ré* et *si*) et la tierce (*mi* dans le mode majeur, *mi*♭ dans le mode mineur)[2].

[1] La preuve qu'il en est bien ainsi se trouve dans le fait que les musiciens ont une tendance à altérer un peu la hauteur de ces notes étrangères pour les rapprocher des notes réelles ; même la septième, qui cependant fait partie de la gamme, est volontiers un peu haussée si elle est suivie de l'octave, lorsque l'accompagnement harmonique ne s'y oppose pas.

[2] On voit que l'on se base ici sur une parenté harmonique plutôt que mélodique. Théoriquement je ne pense pas qu'il y ait de raison pour exclure de la terminaison d'une phrase mélodique, la quarte ou la sixte qui sont parentes au premier degré de la tonique.

Mais il se trouve que dans ce cas une modulation passagère est très

6° L'échelle indéfinie de demi-tons construite sur la base de leur parenté au premier et deuxième degré avec une certaine tonique déterminée, contient tous les sons nécessaires pour former des gammes majeures et mineures en partant d'une autre tonique, pourvu que celle-ci fasse elle-même partie de l'échelle.

On a donc autant de gammes majeures et mineures qu'il y a de notes dans une octave, c'est-à-dire douze gammes majeures et douze mineures, soit vingt-quatre tons différents [1].

Une mélodie ne reste point toujours dans le même ton ; le passage d'un ton à un autre est ce que l'on appelle une modulation, et constitue l'un des moyens les plus précieux de variété.

Généralement quand dans une mélodie, on altère une note propre de la gamme en jouant à sa place une note d'un demi-ton plus haut ou plus bas, l'unité de la mélodie est rompue et l'on est entraîné à changer de ton, c'est-à-dire de gamme.

Par exemple, quand sur un temps fort on donne une note étrangère à la gamme, on détermine le passage à un nouveau ton dont cette note fait partie, et les terminaisons des phrases et périodes suivantes doivent se rapporter à la nouvelle tonalité.

Ou bien, si à la fin d'une période on s'arrête sur

facile ; le compositeur profite de cette circonstance pour faire entrer dans l'accompagnement des accords nouveaux qui par leur contraste rendent plus sensible le retour à la tonique.

[1] Je rappelle ici que pour simplifier nous avons admis l'échelle tempérée, qui identifie l'*ut*♯ avec le *ré*♭, le *ré*♯ avec le *mi*♭, etc.

une autre note que la tonique, cette autre note devient la nouvelle tonique.

Je me borne à ces exemples : les cas de modulations mélodiques sans aucun secours de l'accompagnement, sont si rares qu'il est inutile de nous y arrêter davantage.

Il faut cependant ajouter que, dans la règle, lorsqu'on a fait sortir la mélodie de la tonalité première, on doit l'y ramener par une modulation inverse pour terminer le morceau dans le ton initial. Ce retour à une impression déjà ressentie est un moyen esthétique fort usité auquel l'oreille est très sensible.

Répétition des dessins mélodiques.

A côté des règles de la mélodie dont nous venons de rappeler les principales, le compositeur a encore à sa disposition un mode d'impression réitérée dont il peut user arbitrairement au gré de sa fantaisie. C'est celui de la répétition des thèmes mélodiques associée plus ou moins exactement à la reproduction des figures rythmiques dont nous avons parlé plus haut.

Ces rappels mélodiques peuvent s'effectuer de différentes manières que l'on peut classer de la manière suivante :

1° En restant dans le même ton.

a) Répétition d'une mélodie entière. Ce mode est d'un usage très fréquent : c'est ainsi que dans les

chansons, les litanies, le même air se trouve indéfiniment reproduit sans autre changement que celui
des paroles; de même dans la musique de danse, le
morceau entier est fréquemment repris deux fois
consécutivement. Dans la musique d'un ordre plus
élevé, ce moyen est constamment employé, mais souvent alors la répétition n'est pas immédiate et la
mélodie ne revient qu'après un intervalle. Pour
introduire de la variété et ne point tomber dans le
banal, on peut modifier quelques notes ou quelques
mesures tout en conservant le caractère qui rend la
mélodie reconnaissable; ou bien l'on peut changer
l'accompagnement[1], ou encore faire entendre la répétition sur un autre instrument[2].

b) Répétition d'une période, soit immédiate, soit
après l'intercalation d'une autre période[3].

Ce mode d'impression réitérée a été tellement
employé qu'il est devenu banal. Dans la musique
récente on l'utilise sans doute encore, mais on cher-

---

[1] Je continue à donner quelques exemples pris au hasard parmi des morceaux connus, afin de mieux faire comprendre ce que je veux dire.

Dans le cas de répétition d'une mélodie avec modifications d'accompagnement je citerai : Rossini, *Guillaume Tell*, 1er acte; barcarolle, « *Accours dans ma nacelle…* » La mélodie est reproduite deux fois identiquement, après un intervalle rempli par la partie de baryton; la seconde fois elle est accompagnée par les deux voix de femme et celle du baryton.

Meyerbeer, *Huguenots*, 4me acte, la mélodie, « *Pour cette cause sainte…* » est d'abord chantée par la basse, répétée plus loin partiellement par le baryton, puis plus loin encore reprise par tout l'ensemble.

[2] Wagner, *Tannhäuser*, 3me acte; romance de Wolfram, « *O douce étoile…* ; » la mélodie dite une fois seulement par le baryton, est immédiatement répétée par l'orchestre.

[3] Mozart, *Noces de Figaro*, 1er acte, « *Tu non andrai, farfallone…* » La première mesure est reproduite trois fois identiquement dans le morceau, comme mélodie aussi bien que comme rythme.

che à y apporter de la variété et de l'imprévu, par des modifications de diverses natures.

c) Répétition identique ou à peu près identique d'une même phrase dans la même période. Ainsi dans une période de quatre phrases de deux ou quatre mesures chacune, la première et la troisième phrase sont très souvent identiques, la deuxième et la quatrième de même, sauf une modification à la finale[1].

Cette disposition était autrefois presque considérée comme une règle; on s'en écarte volontiers dans la musique récente; mais les reproductions de phrases ou de membres de phrases tiennent toujours une place très importante dans toutes les compositions.

d) Succession de deux dessins mélodiques analogues. La seconde phrase n'est que la reproduction de la première à une hauteur différente, toutes les notes étant, par exemple, haussées d'un degré dans la gamme. Ce cas, qui ne doit pas être confondu avec la reproduction d'une phrase dans un autre ton, se présente très fréquemment : quoique les intervalles ne soient pas les mêmes dans la seconde phrase que dans la première, les tierces et secondes majeures étant le plus souvent remplacées par des tierces et secondes mineures ou vice versa, l'oreille saisit facilement l'analogie[2].

---

[1] Mozart, *Don Juan*, 1er acte, « *Là ci darem la mano...* » Outre la reproduction identique de la première phrase dans la troisième, de la cinquième dans la septième, on trouve dans la suite du morceau beaucoup de rappels de ces premiers dessins.

[2] Bizet, *Carmen*, 4me acte, « *Si tu m'aimes, Carmen...* » La seconde phrase répète la première à un degré au-dessus.

Wagner, Marche du *Tannhäuser*. La première phrase de deux mesures

Les accords brisés successifs et une foule de traits peuvent être rapportés à cette catégorie de répétitions.

e) Succession de deux dessins renversés. Le même rythme étant conservé, les notes sont reproduites en sens inverse [1].

Ce cas comprend les gammes et les arpèges montants et descendants, et beaucoup d'autres traits.

2° Avec changement de ton.

a) La transposition d'une mélodie.

Il est parfaitement connu que, sans perdre son caractère, une mélodie peut être transposée, c'est-à-dire que la tonique est arbitraire et que l'oreille reconnaît un motif quelle que soit la hauteur absolue des notes qui le composent; ce qui importe, c'est que le rythme et les rapports de hauteur des notes successives restent les mêmes. Est-ce à dire que l'oreille saisisse clairement ces rapports arithmétiques des nombres de vibrations? Nullement : ce qu'elle reconnaît c'est la coïncidence de certains sons partiels. Ainsi je joue un *ut* puis un *sol,* c'est-à-dire un intervalle de quinte; le nombre de vibrations du *sol* est une fois et demi celui de l'*ut,* mais si simple que soit ce rapport, ce n'est pas ce que l'oreille apprécie; elle ressent, sans s'en rendre compte, que le deuxième son partiel du *sol* est le même que le troisième son partiel de l'*ut.* Si je pars du *mi* pour jouer

est reproduite à un degré au-dessus dans les cinquième et sixième mesures ; la troisième et la septième mesures sont presque identiques.

[1] Berlioz, *Damnation de Faust,* marche hongroise. La quatrième mesure est symétrique de la troisième.

ensuite le *si*, l'oreille éprouve encore une impression semblable, qui caractérise pour elle l'intervalle de quinte. Il en est de même pour les autres intervalles. Il résulte de là que si, après avoir joué un motif dans un certain ton, on arrive, après une modulation, à le répéter dans un autre ton, l'oreille percevra que les intervalles sont les mêmes et reconnaîtra le motif, même si elle n'est pas assez exercée pour apprécier de combien de tons plus haut ou plus bas on a fait la transposition [1].

Les compositeurs utilisent très fréquemment ce mode d'impression réitérée, qui a les mêmes avantages qu'une répétition identique avec moins de banalité [2].

La reproduction peut s'appliquer à une mélodie entière, à une période ou à une phrase.

La répétition immédiate et identique, sauf sa transposition, d'une phrase ou d'un membre de phrase, entraîne par elle-même le changement de

---

[1] Il est à peine nécessaire d'ajouter qu'une mélodie est reconnaissable quand on change le *diapason*, c'est-à-dire si le nombre de vibrations adopté pour une note déterminée est un peu altéré. Le diapason n'est pas exactement le même dans tous les pays. Il n'y a que des musiciens très exercés qui, en entendant une mélodie ou des accords, puissent dire exactement quelle est la hauteur absolue des différentes notes.

[2] Bizet, *Carmen*, 1er acte, Chœur des gamins. Le motif principal est répété dans trois tons différents.

Rossini, *Guillaume Tell*, 1er acte. L'air « *Ah! Mathilde, idole...* » est chanté d'abord en *sol♭*, puis plus loin répété identiquement en *la♭*. Cette élévation de hauteur absolue, correspond à une exaltation du sentiment. Au contraire la baisse de hauteur exprime un sentiment moins passionné : ainsi dans Delibes, *Lakmé*, 1er acte, l'air : « *C'est le Dieu de la jeunesse...* » dit d'abord avec passion par Gerald est répété un ton plus bas, par Lakmé « cherchant à se rappeler » pour être repris ensuite ensemble au ton primitif.

ton, lors même qu'il ne serait pas préparé par l'accompagnement[1].

Nous verrons plus loin que cette propriété de dessins mélodiques même très courts trouve des applications importantes.

b) La succession de deux dessins analogues, mais non pas semblables, dans deux tons différents se rencontre fréquemment. On peut par exemple transposer la phrase d'une tierce mineure, avec passage du mode majeur au mode mineur[2].

La répétition d'un dessin dans le mode majeur, puis dans le mode mineur en conservant la même tonique, rentre dans ce cas-là.

4. L'harmonie.

La mélodie telle que nous venons de la considérer est une forme de ce qu'on appelle la musique *homophone,* ou à une seule partie, forme qui est soumise à la loi de tonalité. Dans la musique moderne, la mélodie pure et isolée est, de fait, d'une application rare et passagère : on y joint une harmonie plus ou moins complète, c'est-à-dire qu'on l'accompagne d'une succession de sons, ou accords, composés de plusieurs notes simultanées. On arrive ainsi à une

[1] Halévy, *La Juive,* 1er acte, Cavatine « *Si la rigueur et la vengeance...* » Le dessin des deux premières mesures est reproduit un ton plus haut dans les deux suivantes et entraîne une modulation.

[2] Meyerbeer, *Huguenots,* 1er acte, Chœur de l'orgie, « *Bonheur de la table...* »

forme de la musique *polyphone,* à deux, trois ou un plus grand nombre de parties.

La plupart des principes qui régissent la mélodie s'appliquent également à l'harmonie : toutes deux sont soumises aux règles du rythme, à la loi de tonalité; toutes deux doivent se mouvoir dans la même échelle musicale suivant le mode majeur ou mineur.

Il y a encore entre elles d'autres rapports, que nous indiquons plus loin; l'un d'eux peut être immédiatement mentionné.

Basse fondamentale.

Parmi les accords formés avec les notes de l'échelle musicale dans l'espace d'une octave, les plus consonants sont les accords parfaits majeurs, composés des intervalles de tierce majeure et de quinte, *ut, mi, sol,* etc. (auxquels on peut ajouter les mêmes notes répétées à l'octave, si l'harmonie a plus de trois parties).

Remarquons qu'un accord parfait majeur peut être considéré comme représentant un seul son, une seule note, dont certains sons particls sont particulièrement forts, tandis que d'autres font défaut. Ainsi l'accord ut_2, mi_2, sol_2 peut être considéré comme la note ut_0 placée à deux octaves de l'ut_2 de l'accord, et dans laquelle les trois premiers sons partiels ut_0, ut_1, sol_1 sont insensibles, tandis que les trois suivants ut_2, mi_2, sol_2 sont très énergiques[1].

[1] Cette manière de considérer l'accord parfait n'est point une pure spéculation : nous avons dit dans une note précédente que deux sons sim-

Il y a donc un rapport facilement saisissable par l'oreille entre un accord parfait majeur et sa tonique ; l'accord *ut*$_2$, *mi*$_2$, *sol*$_2$ est étroitement relié à la note *ut*, il produit l'impression d'un *ut*$_0$ d'un timbre particulier. Cette note *ut*$_0$ est ce que l'on appelle la *basse fondamentale* de l'accord [1].

Si l'accord est renversé, par exemple *mi*$_2$, *sol*$_2$, *ut*$_3$, c'est la même chose : ces notes sont toujours des sons partiels de la basse fondamentale *ut*$_0$. De même encore pour le renversement *sol*$_1$, *ut*$_2$, *mi*$_2$ [2].

L'accord parfait majeur et ses deux renversements sont donc reliés par une affinité très rapprochée basée elle-même sur une impression réitérée qui est très souvent utilisée en musique.

Le même raisonnement appliqué aux accords *sol*$_2$, *si*$_2$, *ré*$_3$, ou *si*$_2$, *ré*$_3$, *sol*$_3$, ou *ré*$_2$, *sol*$_2$, *si*$_2$, montrerait que leur basse fondamentale est le *sol*$_0$. Par conséquent, si je joue successivement l'accord *ut*$_2$, *mi*$_2$, *sol*$_2$, puis l'accord *ré*$_2$, *sol*$_2$, *si*$_2$, par exemple, l'oreille

---

ples joués simultanément produisent un son de combinaison plus bas dont la hauteur est égale à la différence des nombres de vibrations des deux sons simples. Quand on joue un accord parfait *ut*$_2$, *mi*$_2$, *sol*$_2$, le son de différence de *ut*$_2$ et *mi*$_2$, et celui de *mi*$_2$ et *sol*$_2$, sont tous deux l'*ut*$_0$, que l'on entend donc réellement en même temps que l'accord parfait. De plus le son de différence de l'*ut*$_2$ et *sol*$_2$ est l'*ut*$_1$, c'est-à-dire aussi l'un des sons partiels de la basse fondamentale *ut*$_0$.

[1] En harmonie on se borne à dire que la basse fondamentale de l'accord *ut, mi, sol,* est l'*ut*, soit la note la plus basse de l'accord sans renversement.

[2] Le même renversement une octave plus haut, *sol*$_2$, *ut*$_3$, *mi*$_3$, peut être considéré comme ayant *ut*$_1$, pour basse fondamentale, donc encore un *ut*. La succession de ces trois accords dans une même octave ou dans des octaves différentes est très fréquente. C'est un effet que Wagner emploie souvent.

aura une impression analogue à la succession mélodique de ut_0 et sol_0, soit d'un intervalle de la tonique à la quinte supérieure; la parenté des accords de tonique et de dominante est ainsi facilement établie.

De même l'accord fa_2, la_2, ut_3 a la note fa_0 pour basse fondamentale, etc.

Pour des accords autres que l'accord parfait majeur, on peut en général admettre qu'il y a une basse fondamentale, à laquelle vient s'ajouter une note étrangère qui peut être consonante ou dissonante.

Ainsi l'accord parfait mineur de la tonique ut, $mi^\flat$, sol aura pour basse fondamentale l'ut, dont deux sons partiels, ut et sol, sont représentés dans l'accord. A ces deux sons partiels vient s'ajouter le $mi^\flat$, qui n'est pas un son partiel de la basse fondamentale, mais qui est consonant avec elle, comme avec les deux autres notes de l'accord. L'accord parfait mineur rappelle donc à l'oreille la basse fondamentale avec adjonction d'une impression nouvelle. L'accord parfait mineur ut, $mi^\flat$, sol peut aussi être considéré comme appartenant à la basse fondamentale $mi^\flat$ avec adjonction de la note étrangère ut; il résulte de là une certaine hésitation sur le sens de cet accord qui rappelle bien moins complètement la tonique que l'accord majeur et qui contribue à donner au mode mineur un caractère vague.

De même l'accord mineur placé sur le deuxième degré de la gamme, $ré$, fa, la, peut être considéré comme ayant pour basse fondamentale ou le $ré$ ou le fa. Si donc je joue successivement les accords sol, ut, mi et fa, la, $ré$, l'oreille ressent une impression analogue à la succession d'un *ut* et d'un *ré*, ou plus probablement d'un *ut* et d'un *fa*.

Si je prends un accord à quatre parties, tel que *sol, si, ré, fa* (septième de dominante), j'ai évidemment pour basse fondamentale le *sol*, accompagnée de la note étrangère *fa*, qui est dissonante avec la basse, etc.

On voit la conséquence qu'entraîne cette manière d'envisager les accords comme des notes : leur succession devra être telle que leurs basses fondamentales forment une mélodie régulière.

Toutefois cette loi est trop large; elle est loin de suffire à l'harmonie : par exemple une succession d'accords parfaits majeurs semblablement placés sur les notes de la gamme majeure est impossible, quoique les basses fondamentales dans ce cas puissent former une bonne mélodie[1].

Régulièrement on admet, avec quelques licences, que la basse fondamentale doit procéder en montant ou en descendant par intervalles de quintes ou de tierces seulement.

Cette théorie de la basse fondamentale, imaginée par Rameau, a été très en faveur pendant longtemps. Elle repose, comme on le voit, sur une base réelle; mais on en avait beaucoup exagéré l'importance en

---

[1] On violerait en effet la loi de tonalité en donnant successivement les accords *ut, mi, sol; ré, fa♯, la; mi, sol♯, si,* qui correspondent cependant aux notes successives *ut, ré, mi* de la basse fondamentale. Mélodiquement on peut jouer l'une après l'autre les notes *ut* et *ré*, parentes au deuxième degré seulement, parce que le *fa♯*, cinquième son partiel du *ré*, est à peine perceptible; mais si, harmoniquement, nous renforçons ce son en donnant la note *fa♯*, nous accentuons le défaut de parenté qui relie l'*ut* au *ré*, nous rompons le faible lien qui les unit, nous sortons du ton d'*ut*.

voulant en faire en quelque sorte le principe unique
de l'harmonie.

Alternance des accords et cadences.

On emploie en harmonie principalement les accords consonants qui, comme nous l'avons vu, sont
des sons complexes produisant l'impression esthétique de la continuité et du repos. On emploie aussi
des accords dissonants; mais ils ne peuvent être considérés que comme des sons de passage qui doivent
être suivis d'accords consonants : leur but principal
est d'interrompre momentanément l'impression de
continuité, qui reparaît ensuite avec plus de vivacité
et de fraîcheur; artistiquement leur rôle est souvent
d'exprimer des sentiments violents ou douloureux.

Parmi les accords consonants, l'accord parfait de
la tonique, qui rappelle complètement le son et la
tonique elle-même, joue le rôle principal; il sera
généralement donné au commencement du morceau
pour fixer la tonalité, et à la fin des périodes, où le
retour complet à l'impression initiale produit un
effet de repos.

L'harmonie sans modulation se base sur l'alternance de cet accord de la tonique avec d'autres ayant
de l'affinité avec lui et composés de notes faisant
partie de la gamme. Les types les plus simples, les
plus populaires, se trouvent dans l'alternance des
accords de tonique (*ut, mi, sol* dans le mode majeur,
ut, mi$^\flat$, *sol* dans le mode mineur et leurs renversements) avec les accords de dominante (*sol, si, ré* et

ses renversements); ou bien dans la succession de l'accord de tonique, de dominante, de tonique, de sous-dominante (*fa, la, ut*), de tonique, de dominante, en finissant sur la tonique (sans renversement). Dans ces enchaînements simples, l'alternance s'effectue entre des accords dont la parenté, caractérisée par la basse fondamentale (quinte supérieure ou inférieure), est assez rapprochée pour être sensible à l'oreille la moins exercée. Mais, par cela même, cette succession entraîne avec elle de la monotonie, que l'on est conduit à éviter par l'introduction d'accords mineurs tels que *ré, fa, la*, ou *mi, sol, si,* dont la parenté avec la tonique est moins rapprochée; ou d'accords dissonants tels que *si, ré, fa* (accord diminué) ou *sol, si, ré, fa* (accord de septième de dominante), qui font mieux ressortir le retour final à l'accord de tonique.

Dans ces accords successifs il ne suffit pas que la basse fondamentale soit périodiquement changée, il convient en outre que les accords ne soient pas *semblables*. Ainsi, en passant de l'accord de tonique à celui de dominante et retour, on ne donnera pas :

$$ut_2 \quad mi_2 \quad sol_2$$
$$sol_2 \quad si_2 \quad ré_2$$
$$ut_2 \quad mi_2 \quad sol_2$$

Cette série d'accords parfaits semblables fait une mauvaise impression sur l'oreille, non seulement elle est monotone, mias elle tend à sortir de la tonalité, quoique toutes les notes fassent partie de la gamme. On renverse les accords ou on en change la position, de manière à les diversifier et à favoriser ensuite l'impression de repos du retour à la tonique. On donnera par exemple :

$$ut_2 \quad mi_2 \quad sol_2 \qquad sol_1 \quad ut_2 \quad mi_2 \qquad mi_1 \quad sol_1 \quad ut_2$$
$$si_1 \quad ré_2 \quad sol_2 \text{ ou } sol_1 \quad si_1 \quad ré_2 \text{ ou } ré_1 \quad sol_1 \quad si_1$$
$$ut_2 \quad mi_2 \quad sol_2 \qquad sol_1 \quad ut_2 \quad mi_2 \qquad mi_1 \quad sol_1 \quad ut_2$$

De même pour les autres suites d'accords, même lorsque l'harmonie est à deux parties seulement. La loi peut s'exprimer en disant que généralement, quelque soit le nombre des parties de l'harmonie, deux d'entre elles ne doivent pas se mouvoir parallèlement en conservant le même intervalle.

Il y a toutefois des exceptions.

Les octaves parallèles ne sont pas ordinairement défendues, parce qu'un son et son octave ont assez de parenté pour pouvoir être considérés comme le même son. On peut donc doubler un son par son octave; mais cela revient à diminuer le nombre des parties. Les octaves parallèles sont mauvaises entre deux parties réelles de l'harmonie, parce qu'elles l'appauvrissent.

Les quintes parallèles, quoique formant d'excellentes consonances, sont d'un détestable effet, même lorsqu'elles apparaissent dans l'accord entre des parties différentes, sauf dans des cas exceptionnels[1].

Les quartes de suite sont presque toujours mauvaises.

Pour les sixtes, la règle est moins positive : habi-

---

[1] D'autres motifs encore s'opposent à l'emploi de quintes parallèles ; il serait trop long de les développer ici.

tuellement les sixtes qui se succèdent sont alternativement majeures ou mineures. Il en est de même pour les tierces.

Quand on rencontre ces suites parallèles sans qu'elles blessent l'oreille, on remarque que presque toujours les intervalles égaux sont différemment placés par rapport à la basse fondamentale.

Par exemple la succession des accords :

$$ut_0 \quad ut_2 \quad mi_2 \quad sol_2$$
$$fa_0 \quad la_1 \quad ré_2 \quad la_2$$

est permise, quoiqu'elle contienne deux quintes parallèles. Mais le premier accord a pour basse fondamentale l'*ut*, et le second le *fa* avec adjonction du *ré*, qui est étranger à la basse fondamentale; la seconde quinte *ré*$_2$, *la*$_2$ est donc pour ainsi dire accidentelle, parce que le *ré* n'est qu'une note additionnelle. Même interprétation de la succession permise ut_0, mi_1, sol_1, ut_2 et fa_1, fa_2, la_2, $ré_3$, qui contient deux quartes parallèles.

Sans nous arrêter à l'explication des exceptions fréquentes que l'on rencontre, nous pouvons admettre que la loi est très générale.

Il est de règle de terminer les périodes par l'accord de tonique sans renversement précédé de l'accord de dominante ou de septième de dominante, sans renversement, mais dans une autre position; on obtient dans cette succession la plupart des notes de la gamme et par suite un rappel complet de la tonalité. C'est ce que l'on appelle une *cadence parfaite*. Souvent on la fait précéder des accords de sous-dominante et de tonique (avec ou sans renversement) : on a alors entendu toutes les notes de la gamme dans cette finale[1].

Souvent on fait entendre l'accord de deuxième degré (*ré, fa, la*) à la place ou après celui de sous-dominante. Quelquefois entre deux périodes on place une cadence *rompue*, formée de l'accord de septième de dominante et de l'accord de tonique renversé (*sol, ut, mi*), le repos n'est pas complet. Quelquefois aussi la terminaison se fait sur la cadence *plagale*, c'est-à-dire sur l'accord de tonique sans renversement précédé de l'accord de sous-dominante.

Toutes ces cadences ramènent énergiquement le sentiment de la tonalité.

Une phrase qui ne forme pas la fin d'une période se termine le plus souvent par un accord de dominante sans renversement (demi-cadence), quelquefois sur un accord de tonique.

Mélodie des parties.

Une harmonie a toujours pour base une mélodie jouée généralement par la partie supérieure (succession des notes les plus hautes des accords) et quelquefois par la basse (succession des notes les plus basses des accords, ou *basse continue*)[2].

---

[1] Quelques auteurs réservent le nom de *cadence parfaite* à cette dernière succession, et appellent *cadence entière* celle qui ne comprend que les accords de dominante et de tonique.

[2] Cette mélodie de la basse continue ou basse chantante ne doit pas être confondue avec celle de la basse fondamentale ; en effet lorsque les accords sont renversés leur note la plus basse n'est pas la basse fondamentale.

Remarquons que la suite simple et populaire
d'accords de tonique, dominante et sous-dominante
s'applique en général facilement aux mélodies simples de la partie supérieure; car toutes les notes de
la gamme sont comprises dans ces trois accords. La
finale des phrases ayant lieu en mélodie sur des
notes de l'accord de tonique ou de dominante, ce
sont ces accords que l'on retrouve à la fin des phrases
harmoniques. A la fin des périodes on place l'accord
de tonique sans renversement, lequel rappelle plus
complètement la tonique elle-même. La partie haute
(ou la basse) donnant la mélodie principale, les
autres parties doivent, chacune pour soi, former une
mélodie dans le même ton, et habituellement très
simple. Cependant dans ces mélodies secondaires la
fin des périodes ne s'effectue pas forcément sur la
tonique elle-même, mais souvent sur les autres notes
de l'accord de tonique.

Il résulte de ce qui précède des rapports nouveaux de l'harmonie avec la mélodie, dont les règles
devront être respectées par les parties.

Successions régulières et irrégulières.

L'affinité ou la parenté des accords, caractérisée
déjà par la parenté de leurs basses fondamentales,
est encore plus clairement accentuée quand les
accords ont une ou plusieurs notes communes.
Ainsi les accords de tonique et de dominante (*ut, mi,
sol* et *sol, si, ré*) ont le *sol* commun ; ceux de tonique

et de sous-dominante (*fa, la, ut*) ont l'*ut* commun.
Cette parenté conduit à cette règle importante en
harmonie que le plus souvent les accords qui se suivent doivent contenir une note commune : c'est ce
que l'on appelle des successions régulières. Cette règle
s'applique aussi bien aux accords dissonants qu'aux
accords consonants. Elle concorde d'ailleurs avec
le fait que la basse fondamentale doit procéder par
quinte ou par tierce, car alors si les accords corres-
pondants sont complets ils présentent toujours des
notes communes.

Les suites d'accords sans notes communes, ou
successions irrégulières, sont moins usitées et ne
sont permises qu'entre quelques accords rapprochés.
Leur emploi doit être justifié par une parenté au
second degré, par l'intermédiaire des accords de
tonique ou de dominante; les accords amenés de
cette manière, particulièrement ceux du deuxième
et du sixième degré de la gamme, doivent être suivis
d'un accord d'une parenté plus rapprochée avec la
tonique. En outre, dans ces successions irrégulières
on doit suivre certaines règles ayant pour but de
maintenir le sentiment de la tonique (mouvement
contraire des parties supérieures et de la basse faisant éviter les quintes et octaves défendues).

La prépondérance des successions régulières en
harmonie, est basée sur une impression réitérée
du même ordre, mais avec bien plus de richesse,
que celle de la parenté au premier degré de deux
notes d'une mélodie. Il importe que la note commune des deux accords successifs soit donnée par la

même partie : cette règle est surtout utile quand les parties sont remplies par des voix ou des instruments différents : on conservera ainsi non seulement la hauteur, mais aussi le timbre du son qui est répété.

Progressions harmoniques.

L'enchaînement des accords peut être produit par un autre mode d'impressions réitérées, très remarquable, qui se rencontre dans les progressions harmoniques.

Nous avons précédemment fait observer que l'oreille reconnaît très bien un dessin mélodique, même très court, répété à une hauteur différente, et cela soit lorsque la reproduction est rigoureusement semblable avec les mêmes intervalles, soit lorsque le déplacement du dessin est d'un (ou de plusieurs) degré de la gamme, les intervalles majeurs devenant mineurs et vice versa. Appliquée à la basse continue d'une série d'accords, cette répétition du dessin prend le nom de progression harmonique, et elle a la faculté de rendre possible des accords, des successions d'accords ou des modulations qui autrement ne seraient pas admissibles. *Ainsi le rappel de dessins semblables ou analogues peut jouer le même rôle que l'impression réitérée d'une note commune dans une succession régulière.* Les parties supérieures doivent aussi suivre une marche régulière, afin que les dessins soient reproduits aussi bien harmoniquement que mélodiquement[1]. C'est, je crois, Fétis qui, le premier, a bien établi ce pouvoir des progressions.

Dissonances et résolutions.

Un accord dissonant doit avoir une *résolution*, c'est-à-dire qu'il doit être suivi d'un accord consonant avec lequel il soit lié par une parenté rapprochée. La résolution normale s'effectue sur l'accord dont la basse fondamentale est une quinte plus bas que la basse fondamentale de l'accord dissonant, ce qui implique une parenté immédiate renforcée le plus souvent par une note commune. Par exemple l'accord dissonant de septième de dominante *sol, si, ré, fa* se résout sur l'accord de tonique, mais il importe que ce soit la partie donnant le *si* (note sensible) qui monte à l'*ut*, à cause de l'affinité de hauteur reliant

[1] Prenons comme exemple une progression, sans modulation, par quarte inférieure et seconde supérieure, telle que :

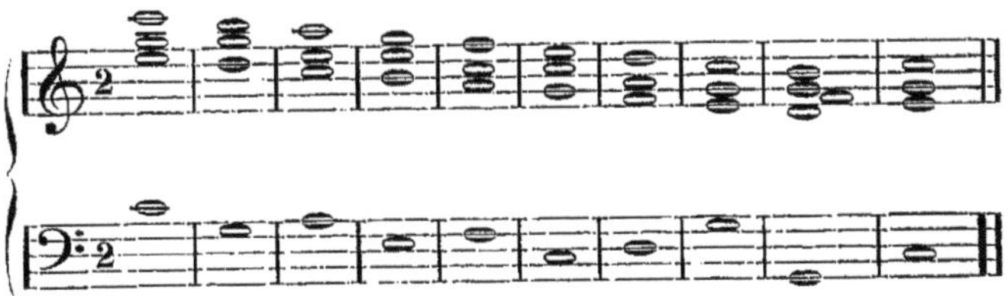

Le dessin de la basse continue (quarte inférieure *ut*, *sol*, etc.) se répète alternativement, une tierce mineure et une tierce majeure plus bas. Au bout de quatre mesures le dessin redevient complètement semblable une quinte plus bas. La progression s'arrête à la huitième mesure pour faire place à la cadence finale (si la progression continuait elle amènerait une modulation). Il se présente entre autres du quatrième au cinquième accord une succession irrégulière qui ne serait pas permise en dehors d'une progression.

ces deux notes, comme nous l'avons indiqué plus haut. De même la note dissonante *fa* devra, par une affinité du même genre mais moins prononcée, descendre au *mi*, note de l'accord de tonique la plus voisine[1].

Cette marche des parties allant à la note la plus voisine n'est pas uniquement applicable à la résolution des dissonances ; elle se retrouve, avec quelque chose de moins absolu sans doute, dans les autres enchaînements. Ainsi, dans le passage de l'accord de dominante à celui de tonique, la partie qui donne la note sensible *si*, doit monter à l'*ut*, celle qui donne le *sol* dans l'accord de dominante le répète dans l'accord de tonique, celle qui donne le *ré* passe au *mi*. On conserve mieux ainsi les affinités de hauteur et de timbre des sons complexes successifs.

Quelquefois une dissonance se résout sur une autre dissonance, celle-ci sur une troisième ; mais la résolution finale s'effectue toujours sur une consonance. Sauf dans les cas où la nécessité d'exprimer un sentiment énergique ou violent y entraîne le compositeur, on évite les dissonances trop fortes, comme celles qui résultent de deux notes à un demi-ton d'intervalle.

[1] On aura donc les résolutions suivantes :

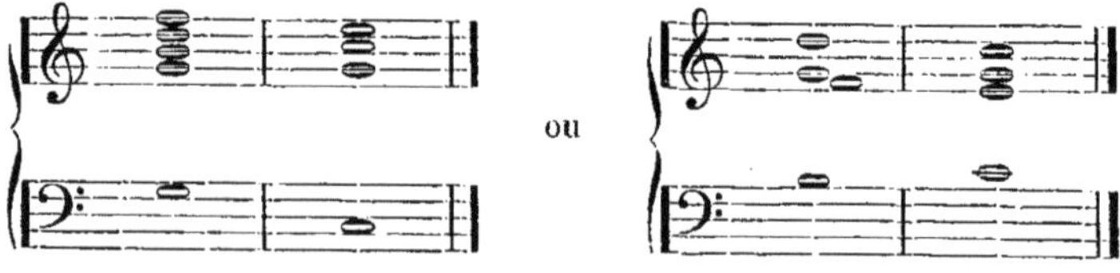

La note commune *sol* rend la succession régulière.

Les dissonances prononcées sont beaucoup plus admissibles par l'oreille, quand on a entendu la note dissonante comme note consonante dans l'accord précédent; la succession est alors régulière : c'est ce que l'on appelle une dissonance *préparée;* elle *retarde* habituellement la résolution sur un accord attendu. Autrefois une dissonance n'était pas admise sans préparation.

Souvent la note dissonante est une *anticipation,* c'est-à-dire qu'elle appartient à l'accord suivant, qu'elle prépare; elle doit dans ce cas avoir peu de durée. Il en est de même des dissonances que les notes étrangères à la gamme employées comme broderie font avec les notes soutenues de l'accompagnement.

Il est remarquable que les dissonances doivent rester dans les notes de l'échelle musicale. Au premier abord il semble qu'en faussant légèrement l'une des notes d'un accord consonant on arriverait au même effet de discontinuité du son. Le motif qui empêche de recourir à ce moyen me paraît pouvoir se résumer de la manière suivante. En ajoutant une note dissonante à un accord consonant, l'on sacrifie l'impression de continuité, mais l'oreille perçoit encore entre les sons une parenté qu'elle reconnaît. Par exemple, à la fin d'une période, faisons entendre successivement l'accord de septième de dominante sol_1, $ré_2$, fa_2, sol_2, si_2, puis l'accord de tonique ut_1, mi_2, sol_2, ut_3 : la note dissonante *fa* est parente au premier degré de l'*ut* qui suivra, parenté qui presque toujours aura été précédemment accusée dans le morceau par l'accord de sous-dominante qui contient le *fa* et l'*ut*. L'oreille sent donc que l'adjonction de cette note *fa* à l'accord de dominante n'est pas un effet du hasard. Si, au contraire, on produisait la dissonance en jouant faux le simple accord de dominante, et le résolvant sur l'accord de tonique juste, on romprait à la fois la continuité et la parenté : un *sol* ou un *ré* faux dans l'accord de dominante produirait un détestable effet. Toutefois si l'accord de dominante est formé du *sol* et du *ré* justes, et du *si* joué ou chanté un peu trop haut, l'effet peut être satisfaisant lorsque cette demi-note est donnée par la partie haute dans un mouvement ascendant. C'est qu'alors à la place de la parenté peu rapprochée qui relie le *si* à la tonique se substitue l'affinité de hauteur de la note sensible pour la tonique : l'exception confirme ici la règle.

En résumé, ce que nous avons dit dans ce paragraphe suffit à montrer que les impressions réitérées jouent un rôle dans l'effet des dissonances aussi bien que des consonances.

Les modulations.

En harmonie, comme en mélodie, on introduit un élément de variété très important par l'emploi des modulations.

Il est évident que lorsqu'un changement de ton se produit dans la mélodie, l'accompagnement doit suivre et entrer aussi dans la nouvelle tonalité.

L'enchaînement par lequel on passe d'un ton dans un autre se fait le plus souvent par succession régulière : partant par exemple de l'accord de tonique du ton primitif, on fait des accords successifs dans lesquels on introduit les notes caractéristiques du ton nouveau, en ayant soin de conserver une note commune entre deux accords qui se suivent. La modulation est d'autant plus facile que les gammes des deux tons présentent le plus de rapport, c'est-à-dire ont le plus de notes communes.

Parmi les accords que l'on peut choisir, le plus fréquemment employé est celui de septième de dominante du ton dans lequel on veut arriver : il a l'avantage de fixer très nettement la nouvelle tonalité; il peut, dans un grand nombre de cas, former le seul intermédiaire entre les accords de tonique des deux tons, par succession régulière; quelquefois aussi par successions irrégulières, mais permises. Cependant, dans ce dernier cas, à moins de convenance artistique ou de nécessité pratique, les musiciens préfèrent intercaler d'autres accords permettant d'arriver à l'accord de septième de dominante nouvelle par succession régulière.

Un autre accord qui se prête très bien à des modulations rapides est celui de septième diminuée (*ut*$\sharp$, *mi*, *sol*, *si*$\flat$). Toutes les notes de l'échelle musicale tempérée sont en effet parentes au premier degré de l'une des quatre notes de cet accord, en sorte qu'il n'est pas difficile de trouver des successions régulières, si ce seul accord ne suffit pas comme intermédiaire entre les deux tons.

Un autre moyen de moduler se trouve dans les progressions harmoniques, qui remplacent les suc-

cessions irrégulières aussi bien pour les changements de ton que dans les enchaînements sans modulations.

Les modulations sont tantôt tout à fait passagères
et ne font que rompre la monotonie d'un morceau;
tantôt elles sont durables, et dans ce cas il convient
que la tonalité soit bien affirmée par une cadence
parfaite. Souvent les modulations durables sont pré-
parées par des modulations passagères passant parfois par des tons intermédiaires, qui accoutument
peu à peu l'oreille aux notes de la tonalité nouvelle.

De même que, dans la mélodie, il y a des notes de
passage étrangères à la gamme qui, placées sur les
temps faibles, n'entraînent pas de modulation, de
même, en harmonie, des accords de passage étrangers à la tonalité peuvent être placés aussi sur les
temps faibles sans qu'il en résulte un changement
de ton; ces accords ne déterminent qu'une modulation absolument fugitive et insaisissable.

L'harmonie brisée et les dessins répétés.

Dans ce qui précède nous avons toujours supposé
l'emploi d'accords *plaqués*, c'est-à-dire dont on fait
entendre simultanément toutes les notes. On sait
que très souvent on les remplace par des accords *brisés* dont les notes sont émises successivement.

Cette harmonie *figurée* fournit aux compositeurs
un moyen de variété et la possibilité d'effets d'une

grande richesse. Il ne sera pas sans intérêt de nous arrêter quelques instants sur ce sujet.

Pour fixer les idées, supposons à la partie haute une mélodie dont une mesure à quatre temps est occupée par une certaine note soutenue, l'ut_3, par exemple. Si nous l'accompagnons par les notes plaquées de l'accord parfait ut_2, mi_2, sol_2, l'ensemble de l'harmonie est à quatre parties. Mais si nous accompagnons par l'accord brisé, nous pouvons admettre que l'harmonie est réduite à deux parties : la partie haute, qui reste la même, et une partie inférieure, d'un rythme plus rapide, donnant dans la mesure un dessin mélodique tel que ut_2, mi_2, sol_2, mi_2 (ou toute autre figure formée de ces mêmes notes de l'accord parfait). En se joignant à la note haute soutenue, ces notes relativement rapides font entendre successivement les intervalles consonants de l'accord parfait; dans aucune de ces consonances de deux notes on ne retrouve la richesse sonore de l'accord plaqué, mais en revanche on obtient des variations d'une impression commune.

De plus, dans les mesures suivantes, sur d'autres accords brisés, on conservera le même dessin rythmique et presque toujours un dessin mélodique analogue, rappel qui contribuera dans une large part à l'effet esthétique. Les dissonances qui se produisent entre la partie haute et l'accompagnement brisé sont plus douces que dans l'harmonie simple, parce qu'elles ont moins de durée.

Il est évident qu'un accord plaqué pourra toujours, sans infraction aux lois de la mélodie, être remplacé par le même accord brisé; mais à ces notes réelles de l'accord on peut ajouter, comme passage ou broderies, des notes étrangères qui ne pourraient figurer dans l'accord plaqué et qui mettent des matériaux nouveaux à la disposition du compositeur.

Un fait remarquable consiste dans l'effet harmonique produit par cette mélodie de l'accord brisé; et l'explication de ce point n'est pas sans quelque difficulté. Il est facile de comprendre qu'un accord plaqué peut toujours être remplacé par le même accord brisé sans offenser l'oreille; mais l'inverse est vrai également, et un accompagnement en harmonie brisée peut être ramené à un accompagnement par les mêmes accords plaqués : si l'un est bon, l'autre le sera également[1]. Cherchons à nous rendre compte de ce fait.

Tant qu'il s'agit des accords parfaits majeurs ou mineurs que l'on peut former sans sortir des sons de la gamme, la parenté des notes qui les composent est tout aussi évidente, que l'accord soit brisé ou qu'il soit plaqué. L'oreille reconnaît que chaque arpège est formé de notes appartenant à un groupe déterminé. Le besoin d'alternance dans les accords, que nous avons dit être à la base de l'harmonie, se retrouve tout aussi bien pour les dessins mélodiques formés en brisant les accords. Il faut que leur basse fondamentale change périodiquement et

---

[1] Cette règle suppose que les accords brisés soient dénués de broderies et qu'il s'agisse bien d'accords brisés et non de l'accompagnement de la partie haute par une autre mélodie indépendante.

que le dessin mélodique soit analogue, mais non
identiquement répété à deux hauteurs différentes.
Dans les deux cas, harmonie simple ou brisée, les
règles seront les mêmes.

L'oreille, dès le premier accord brisé, qui est
habituellement celui de tonique, comprend le genre
d'accompagnement qu'elle va entendre; de sorte que
si les accords suivants ne sont plus des accords parfaits, elle s'attend à ce que ces successions de notes
rentrent dans le même genre, caractérisé par le
même dessin rythmique et par un dessin mélodique analogue. Les notes étrangères à la basse fondamentale de l'accord, qu'elles soient consonantes
ou dissonantes avec la mélodie de la partie haute,
apparaîtront comme présentant les mêmes relations
que dans l'accord plaqué.

Il faut ajouter que la mémoire joue sans doute
un certain rôle dans l'effet que nous cherchons à
expliquer. Nous avons établi que l'oreille possède la
faculté de reconnaître un son qu'elle a déjà entendu :
les nerfs excités une première fois conservent donc
quelque chose de cette excitation : il y a comme une
persistance latente de l'impression. Dans les dessins
mélodiques des accords brisés, l'oreille reconnaît les
notes communes et sera sensible aux successions
régulières aussi bien que si les accords étaient plaqués. L'éducation musicale, l'habitude d'entendre
certains accords plaqués, contribuent également à
faire admettre les mêmes accords brisés.

Cette propriété harmonique des accords brisés
offre un moyen précieux de produire avec deux voix,

ou même avec une seule, des effets analogues à ceux
de l'harmonie à quatre parties.

D'un autre côté, il convient de signaler un cas qui
se rapproche à beaucoup d'égards de l'harmonie brisée; c'est le genre d'accompagnement par une série
d'accords formés des mêmes notes déplacées : ainsi,
au lieu d'un arpège simple

$$ut_2 \quad mi_2 \quad sol_2 \quad ut_3$$

on jouera l'arpège d'accords [1] :

$$\left\{ \begin{matrix} ut_2 \\ mi_2 \\ sol_2 \end{matrix} \right. \quad \left\{ \begin{matrix} mi_2 \\ sol_2 \\ ut_3 \end{matrix} \right. \quad \left\{ \begin{matrix} sol_2 \\ ut_3 \\ mi_3 \end{matrix} \right. \quad \left\{ \begin{matrix} ut_3 \\ mi_3 \\ sol_3 \end{matrix} \right.$$

Il y a un rapprochement à faire entre l'impression produite par les accords brisés et celle que
détermine une succession rapide de notes que
l'oreille fusionne, pour ainsi dire, harmoniquement.
Ainsi sur les instruments dont les sons ne sont pas
soutenus (piano, harpe, etc.) la répétition rapide
d'une même note donne une sensation, non pas identique, mais voisine de celle du son soutenu, moyen
qui est très souvent employé sur le piano. Un tre-
molo sur deux notes rappelle jusqu'à un certain
point le son soutenu du même intervalle plaqué. Les
dissonances aussi bien que les consonances se reconnaissent très bien; un trille, par exemple, produit
une impression très nette de dissonance, tellement

---

[1] Wagner, *Tannhäuser*. L'accompagnement de la Romance de l'Étoile
déjà citée est presque entièrement formé de ces arpèges complexes, harmonie à plusieurs parties dont chacune exécute une série d'accords brisés.

que, comme un accord dissonant, le trille réclame une résolution.

Tout ce que nous avons dit plus haut sur les reproductions de dessins ou de phrases mélodiques pourrait être répété pour les dessins et phrases harmoniques; même le retour d'un seul accord quelque peu caractéristique frappe l'oreille et lui plaît[1].

Il serait inutile d'insister plus longtemps sur ces faits, qui ne peuvent échapper à personne. D'une manière générale, dans ce paragraphe comme dans les paragraphes voisins, on peut remarquer que la musique moderne, quoique employant les répétitions rythmiques et mélodiques d'une manière moins symétrique et servile que la musique antérieure, en fait un usage continuel. La *Symphonie fantastique* de Berlioz en abonde et, quant à Wagner, c'est un reproche qui lui est fait quelquefois d'en abuser; par exemple le célèbre ruissellement de violons dans l'ouverture de *Tannhäuser* produit un effet énervant sur certaines organisations musicales.

5. Systèmes musicaux étrangers à la loi de tonalité.

Le système employé dans la musique actuelle, le seul que nous ayons examiné, est essentiellement basé sur la loi de tonalité, qui domine la mélodie et plus encore l'harmonie.

[1] Romance de l'Étoile du *Tannhäuser*.

Il a existé et il existe encore d'autres systèmes musicaux qui échappent plus ou moins à cette loi de tonalité. On trouve dans la musique de la Grèce ancienne, de l'Europe au moyen âge ou de l'Asie contemporaine, des gammes très différentes de nos gammes majeure et mineure. Dans ces types s'écartant de celui auquel nous nous sommes accoutumés, et dont nous n'entreprendrons pas l'examen[1], il reste comme éléments musicaux le rythme, la continuité des sons, la parenté des notes ou leur affinité de hauteur qui permet la construction de gammes différentes des nôtres, les alternatives de consonances et de dissonances, les similitudes ou analogies de dessins. Généralement l'harmonie joue un rôle secondaire comparativement à notre genre de musique.

Bien que pour nous, à notre époque et dans notre civilisation, nous ayons quelque peine à concevoir un art musical en dehors du principe de la tonalité, nous pouvons nous en faire une idée d'abord par le chant des oiseaux, puis, jusqu'à un certain point, par le récitatif d'opéra.

Le récitatif est une sorte de mélodie qui reste rigoureusement dans les notes de l'échelle musicale : le rythme, très peu accentué, n'est réglé que par le sens des paroles; les intervalles sont le plus souvent reliés par une parenté rapprochée des notes successives, mais ce n'est point là une règle générale, et l'on y rencontre à chaque instant des sauts qui ne

---

[1] On trouvera dans l'ouvrage de M. de Helmholtz et dans ceux de Fétis des études très intéressantes sur ces systèmes musicaux.

sont que très exceptionnellement admis dans la mélodie régulière et qui entraînent de perpétuelles modulations incomplètement accusées. La loi de tonalité est presque entièrement laissée de côté dans le chant lui-même; cependant on la retrouvera partiellement dans l'accompagnement par l'orchestre, dont les accords ne sont pas habituellement placés sur les notes du chant, mais bien dans les silences qui séparent les phrases ou les membres de phrases. Dans ces accords on cherche à suivre les modulations du récitatif : ce sont comme des cadences ou des demi-cadences destinées à accuser le ton du dernier dessin mélodique.

Il résulte de cette liberté d'allure du récitatif qu'il ne peut guère être séparé des paroles; il constitue une sorte d'exaltation de la poésie, tirant sa beauté du seul emploi de sons musicaux continus, faisant partie de l'échelle musicale. Le récitatif repose l'oreille des impressions de la mélodie et de l'harmonie ordinaire; il permet de hâter l'action dramatique : c'est un moyen terme très artistique entre le chant régulier et les passages *parlés* que l'on introduit dans les opéras comiques et dont le contraste a toujours quelque chose de choquant au moment de la transition.

Quant à la langue parlée, sa divergence avec la musique rythmée et soumise à la tonalité est encore bien plus grande. Dans la poésie, le rythme est encore très sensible, et la rime, dans les langues où elle est d'usage, ajoute un rappel de son ou de timbre, condition qui ne se retrouve pas dans la

prose. Le son est moins musical parlé que chanté;
il est moins soutenu et les harmoniques supérieurs sont beaucoup plus prononcés, ce qui introduit entre eux des dissonances. Il y a du reste de
grandes variétés à cet égard et la pureté musicale
dans les sons de la parole est une qualité chez l'orateur et chez l'acteur dramatique.

Dans la langue parlée on rencontre des intervalles
musicaux, mais on ne peut dire que l'échelle musicale soit respectée. Il résulte même souvent un mauvais effet de son emploi : l'enfant qui chante en réci-
tant des vers, parlant sur la même note avec un
petit nombre de finales, donne une impression très
désagréable et monotone; on sent que la parenté
des sons n'est pas là la règle; c'est le sens des paroles qui doit guider le rythme comme l'intonation.

En terminant ce chapitre, je répète qu'il concerne
essentiellement la partie physique de l'esthétique
musicale et en laisse complètement de côté la partie
artistique. Ce que nous avons dit s'applique à peu
près indifféremment à tout genre de musique, au
plus trivial comme au plus élevé. Nous nous sommes
en effet occupés des sensations de l'oreille et non des
impressions de l'ordre intellectuel et moral qu'elles
peuvent engendrer.

CHAPITRE III

LA COULEUR

---

1. La lumière et la sensation des couleurs.

Nous avons étudié, dans le chapitre premier, ce
qui concerne la forme des objets; nous allons maintenant nous occuper de leur *couleur,* en prenant ce
terme dans le sens le plus large, c'est-à-dire en y
comprenant non seulement les variations de teintes,
mais aussi les variations d'intensité lumineuse.

A vrai dire, ce sont toujours ces variations de
couleur qui nous permettent de distinguer le contour
des objets, les traits des dessins, la forme générale
des corps; mais pour notre esprit les notions de
forme et de couleur sont parfaitement distinctes et
doivent être examinées séparément.

Les physiciens admettent que la lumière résulte
de vibrations analogues à celles qui produisent le
son, mais infiniment plus rapides et se propageant
dans un milieu beaucoup plus subtil que l'air, désigné sous le nom d'éther. On a pu arriver à déterminer avec certitude les nombres de vibrations effec-
tuées pendant l'unité de temps pour les différentes

espèces de rayons : ces nombres se chiffrent par tril-
lions dans une seconde de temps.

Les variations de couleur dépendent de la rapidité
de ces vibrations lumineuses. Celles qui sont relativement les plus lentes produisent sur notre œil la
sensation que nous appelons le rouge; à mesure
qu'elles vont en s'accélérant la sensation passe par
degrés insensibles à l'orangé, au jaune, au vert,
au bleu, à l'indigo et finalement au violet[1].

La variation de couleur des rayons est donc l'analogue de la variation de hauteur des sons. Seulement
le mode de perception de l'œil est très différent de
celui de l'oreille. Nous avons vu qu'à chaque hauteur
de son correspondent des nerfs acoustiques spéciaux,
qu'il y a par conséquent toute une longue série gra-
duée de nerfs répondant à toute la série des sons.
L'appareil de la vue se comporte d'une manière tout
autre, et quoique le sujet ne soit pas complètement
élucidé, on peut admettre qu'il y a trois catégories
de nerfs différents dont les filaments viennent tapis-
ser le fond de la rétine. Les nerfs de la première
catégorie sont plus fortement ébranlés par les rayons
rouges, ceux de la deuxième catégorie par les rayons
verts, ceux de la troisième catégorie par les rayons
violets ou bleus-violets.

Examinons d'après cela ce qui se passe lorsque

[1] Il y a des vibrations de l'éther plus lentes que celles qui donnent la sensation du rouge, ce sont les rayons de chaleur obscure ou
infra-rouges ; de même il y a des vibrations plus rapides que celles qui
donnent la sensation du violet, ce sont les rayons ultra-violets. Mais ces
vibrations extrêmes n'affectant pas l'organe de la vue, nous n'avons pas
à nous en occuper ici.

l'œil est successivement impressionné par la série des rayons simples tels qu'on les obtient à l'aide du prisme en produisant un spectre pur.

Les rayons aux vibrations les plus lentes agissent fortement sur les nerfs de la première catégorie, celle du rouge; ils agissent un peu sur les nerfs du vert et très peu sur les nerfs du violet; le mélange de cette triple action, dans laquelle prédomine l'excitation des nerfs de première catégorie, produit sur nous la sensation du rouge extrême ou foncé. Si nous passons aux rayons voisins, dont les vibrations sont un peu plus rapides, l'action sur les nerfs du rouge tend à diminuer, tout en restant toujours forte; celle sur les nerfs du vert augmente insensiblement : la sensation est celle du rouge clair. Pour les rayons aux vibrations un peu plus rapides encore, l'action sur les nerfs du rouge prédomine encore, celle sur les nerfs du vert a beaucoup augmenté et celle sur les nerfs du violet est toujours faible : la sensation est celle de la couleur orangée. En avançant encore, l'ébranlement des nerfs du rouge va en diminuant, celui des nerfs du vert et du violet augmente, la sensation passe au jaune; puis on arrive à un point où l'excitation est maximum sur les nerfs du vert, moyenne sur ceux du rouge et du violet : la sensation est celle du vert. En continuant à s'avancer dans le spectre on arrive aux teintes vert-bleu, bleu, indigo, etc., parce que les impressions du rouge et du jaune diminuent, tandis que celle du violet ou bleu-violet prend une intensité croissante qui atteint son maximum pour les rayons extrêmes du spectre.

En résumé une radiation simple provoque une sensation complexe résultant des trois sensations éprouvées à divers degrés.

Voyons maintenant ce qui se passe si, au lieu d'une radiation simple, l'on est en présence d'une radiation composée.

D'abord si la lumière contient toutes les radiations simples dans de certaines proportions relatives, qui sont celles de la lumière solaire, on éprouve la sensation que l'on appelle le blanc. On peut admettre que, dans ce cas, les trois catégories de nerfs du rouge, du vert et du violet sont également impressionnés.

Deux couleurs simples mélangées peuvent aussi produire du blanc, c'est-à-dire une égale excitation des trois catégories de nerfs. Ainsi un rayon orangé et un rayon bleu-cyané d'intensités convenables donnent du blanc en se mélangeant. Trois ou un plus grand nombre de rayons simples convenablement combinés peuvent aussi produire cette même sensation.

Reprenons maintenant cette lumière blanche solaire composée de toutes les couleurs simples, et enlevons-en les radiations aux vibrations les plus lentes, c'est-à-dire les rayons rouges; le reste produira une impression complexe dans laquelle l'excitation des nerfs du rouge sera relativement faible, celle des deux autres espèces de nerfs ayant à peine diminué : la sensation sera celle de la couleur vert-bleu mélangée de blanc. Si ce sont les radiations à vibrations rapides que l'on supprime, la sensation résultante sera l'orangé mélangé de blanc. Ainsi la suppression des radiations extrêmes, rouge ou bleu-violette, aura comme effet de donner la sensation d'une couleur simple intermédiaire mélangée de blanc, en d'autres termes une des teintes du spectre, mais moins saturée que dans le spectre pur.

Si ce sont les radiations moyennes que l'on supprime, l'effet est différent. Ainsi, en enlevant le vert-jaune, la teinte résultante est le pourpre, couleur qui ne se trouve pas dans le spectre et qui ne correspond à aucun rayon simple. Suivant la catégorie et l'étendue des radiations moyennes que l'on supprime, on a toutes les variétés de pourpre intermédiaires entre le rouge et le violet, passant par le rose, le pourpre franc, le lilas, toutes ces teintes étant plus ou moins mélangées de blanc.

Enfin, si l'on supprime toutes les radiations, c'est-à-dire si l'on n'a plus de lumière, on obtient l'impression du noir, qui doit être considérée comme une sensation particulière, comme une véritable couleur, et non pas comme l'absence de sensation [1].

[1] La théorie des trois couleurs fondamentales a passé par des phases diverses. Brewster l'a soutenue comme objective, c'est-à-dire en supposant qu'en réalité il existe trois espèces de lumières, le rouge, le jaune et le blanc, dont les mélanges en proportions diverses produiraient toutes les teintes possibles.

Th. Young a présenté cette conception comme subjective : selon lui, il n'y a pas trois espèces de lumière, il y en a une infinité ; mais il n'y a que trois catégories de nerfs, plus ou moins impressionnables suivant les rayons qui les excitent, et produisant trois sensations différentes. M. de Helmholtz a remis en faveur cette théorie de Young qui est celle que nous avons exposée. Les physiciens et les physiologistes ne sont pas complètement fixés sur la nuance exacte des trois couleurs fondamentales ; l'opinion la plus généralement admise est celle de Maxwell qui indique le

Les corps lumineux par eux-mêmes, comme le Soleil ou les flammes éclairantes, sont peu nombreux; il est donc rare que notre œil soit frappé par des rayons émanant réellement des objets considérés. Habituellement ceux-ci ne font que renvoyer en proportion variable la lumière qu'ils reçoivent directement ou indirectement du Soleil ou d'autres luminaires. Il serait inutile d'exposer ici d'une manière détaillée les divers modes de coloration des corps : ce sont tantôt des réflexions s'effectuant à leur surface même, tantôt des réflexions intérieures, tantôt une diffusion, une transmission, une interférence, etc., qui font que la lumière renvoyée par les objets divers présente à notre œil des teintes et des nuances variées à l'infini. Un corps qui nous paraît rouge est un corps qui, éclairé par de la lumière blanche, nous renvoie d'une manière prédominante les rayons rouges que celle-ci contient, tandis qu'il

rouge écarlate (correspondant au point du spectre compris entre les raies solaires C et D, deux fois plus éloigné du D que du C), le vert-jaune (voisin de la raie E du spectre solaire) et le bleu à la limite du bleu-cyané et de l'indigo (entre les raies F et G, deux fois plus loin de G que de F).

Les expériences plus récentes de M. Boll et de M. Kühne tendent à modifier la théorie de Young, et à faire supposer qu'il y a non pas trois catégories de nerfs donnant lieu à des sensations différentes, mais bien des changements chimiques, se produisant sous l'influence de la lumière, dans la substance imprégnant les bâtonnets de la rétine où aboutissent les derniers filaments du nerf optique. En l'absence de lumière, la matière colorante des bâtonnets serait dans un certain état chimique donnant aux nerfs la sensation du noir. Sous l'influence de la lumière, cette matière colorante subirait trois modifications chimiques donnant la sensation des trois couleurs fondamentales. Suivant que l'un ou l'autre de ces trois composés chimiques serait prédominant, la sensation correspondante prédominerait aussi. Cette hypothèse qui n'est pas encore bien assise, conduirait aux mêmes résultats que celle de Young.

absorbe ou annihile les rayons complémentaires. Le corps sera vert-bleu si ce sont les rayons complémentaires de cette couleur, c'est-à-dire les rouges, qui sont absorbés.

La couleur des corps, au point de vue de l'impression qu'elle produit, se distingue par les caractères suivants : l'intensité, le ton, la saturation.

L'intensité (que quelques auteurs appellent aussi la luminosité) correspond à l'énergie de la sensation que produit la couleur d'un objet : nous pouvons concevoir que deux surfaces de couleurs différentes fassent sur notre œil des impressions d'égale intensité, ou que deux surfaces de même teinte diffèrent par l'intensité.

Le ton, c'est l'espèce de couleur ou la teinte, et il y a, comme nous l'avons dit, toute une série de teintes comprenant les couleurs du spectre et les variétés de pourpre.

La saturation, appelée aussi la pureté, dépend de la sensation du blanc qui se mélange à la sensation d'une couleur spéciale. Nous avons vu que même un rayon simple, comme ceux du spectre, donne toujours une sensation complexe à laquelle les trois couleurs fondamentales participent à divers degrés. Une couleur simple n'est donc pas pure pour notre œil, on peut la considérer comme un mélange de blanc et d'une teinte saturée. A fortiori, les corps qui nous renvoyent une lumière qui n'est pas simple, mais le plus souvent très complexe, n'ont-ils pas des couleurs saturées : ce sont des couleurs d'un certain ton lavé de blanc. Lorsque les trois couleurs fondamentales sont égales, le corps est blanc : c'est le zéro de saturation; le maximum correspond aux couleurs simples, mais ce n'est pas la saturation absolue.

Le noir est la sensation qui correspond à l'absence de lumière; un corps absolument noir serait un corps qui ne renverrait aucune fraction de la lumière qui l'éclaire, cas qui ne se présente jamais complètement.

Entre le blanc au maximum d'intensité et le noir absolu, on a tous les degrés de blanc de plus en plus faible, soit tous les degrés de gris, que l'on peut, si l'on veut, considérer comme donnant une sensation mélangée de blanc et de noir.

Pour les différents tons on a, d'une part, tous les degrés de saturation, c'est-à-dire la série de teintes d'une même couleur plus ou moins mélangée de blanc ou lavée. On arrive toujours comme dernier terme au blanc, quel que soit le ton dont on est parti.

D'autre part, pour chacune de ces séries d'un ton plus ou moins saturé, on a toutes les variations d'intensité. Les couleurs obtenues ainsi avec une faible intensité forment la série des teintes rabattues. Le rouge au maximum de saturation, mais rabattu à une faible intensité, donne les teintes acajou, chocolat; l'orangé et le jaune rabattus forment les bruns, les chamois; le vert passe au vert foncé; le bleu au bleu foncé; le gris au bleu gris; le pourpre au grenat, à la lie de vin. Les couleurs peu saturées lorsqu'elles ont peu d'intensité donnent les gris rougeâtres, jaunâtres, etc. Toutes ces teintes rabattues peuvent être considérées comme produisant la sensation d'un mélange de noir et d'une couleur plus ou moins saturée.

On voit combien les sensations de l'organe de la vue diffèrent de celles de l'ouïe. Tandis que l'oreille perçoit chaque son simple comme tel, et analyse, inconsciemment il est vrai, les sons complexes, l'œil ne reçoit jamais que des impressions mélangées et ne les analyse pas. L'œil, par exemple, ne distingue pas le blanc résultant de la superposition de toutes les radiations simples, du blanc produit par le mélange de deux couleurs seulement, telles que l'orangé et le bleu; il ne distingue pas l'orangé provenant d'un mélange de rouge et de jaune, de l'orangé, rayon simple lavé d'un peu de blanc.

Le phénomène des battements qui, pour l'oreille, limite si nettement les consonances et les dissonances, n'existe pas pour l'œil, en sorte que des mélanges de vibrations lumineuses ne déterminent pas des impressions pénibles analogues à celle que produit une lumière intermittente[1]. Quelle que soit sa composition, une teinte prise isolément ne provoque jamais une sensation comparable à celle d'un accord faux.

Il importe de faire attention à une autre différence. Pour l'ouïe, les filaments nerveux correspondant aux différentes hauteurs de sons sont espacés sur la surface du limaçon, en sorte que la sensation

---

[1] Nous supposons ici les couleurs mélangées et non pas simplement juxtaposées.

d'une note ne se produit pas au même point que celle d'une autre note. Et pour une note donnée peu importe que le son provienne de plusieurs centres d'ébranlement ou d'un seul; le siège de l'impression est toujours au même point, pourvu que l'acuité soit la même. Aussi est-ce seulement d'après des différences d'intensité du son perçu par une oreille et par l'autre, ou par la même oreille successivement déplacée par les mouvements de la tête, que nous pouvons juger, dans une certaine mesure, du point de départ d'un son.

Pour la vue, au contraire, en chaque point de la rétine aboutissent des nerfs des trois catégories et, si l'œil est normal, les rayons émanant d'un point lumineux se réunissent en un foyer sur la rétine, ou, comme l'on dit, en un point de la rétine conjugué du point lumineux. Il n'y a donc pas mélange des impressions causées par deux ou plusieurs points lumineux voisins, et par suite l'œil est admirablement propre à nous faire juger de la position des objets qui lui envoient de la lumière.

2. La forme et la couleur.

Après cet examen rapide de la manière dont s'effectue la perception des couleurs, revenons à notre sujet, c'est-à-dire au rôle que joue cette perception dans nos sensations esthétiques.

Nous avons déjà fait remarquer que nous ne reconnaissons la forme des objets que par des différences de couleur : différences d'intensité, de ton ou de saturation.

Dans le dessin proprement dit, ce sont surtout les différences d'intensité que l'on utilise pour accuser la forme : ce sont, par exemple, des traits noirs sur un fond blanc, ou inversement, qui nous servent à définir une figure; mais nous pouvons tout aussi bien substituer au noir telle autre couleur foncée et au blanc tel autre ton clair.

Sans recourir à de véritables traits, on fait souvent des figures en en colorant la surface en teinte plate; la différence d'impression produite par les parties adjacentes du fond supplée au trait.

L'emploi des ornements métalliques, des dorures en particulier, se rattache à une différence d'intensité lumineuse, le ton n'entrant que d'une manière secondaire dans l'effet produit. Les métaux, surtout lorsqu'ils sont polis, renvoient la presque totalité de la lumière qu'ils reçoivent, tandis que les corps non métalliques en absorbent toujours une forte proportion, hormis le cas où les rayons incidents sont très inclinés sur la surface qui les réfléchit. Il résulte de là que les lignes ou les figures d'or ou d'argent accusent la forme avec une grande vigueur et sont pour cette raison souvent utilisées dans les arts décoratifs. C'est ici le dessin qui prédomine, quoique la couleur et l'éclat des métaux employés ne soit pas sans importance.

L'introduction de plusieurs couleurs dans un dessin y apporte un élément de variété. Si le dessin est symétrique, les couleurs aussi bien que les figures doivent se présenter avec régularité et se distribuer semblablement à droite et à gauche de la médiane. S'il s'agit de dessins répétés, la même couleur devra caractériser chacun d'eux, ou tout au moins se reproduire périodiquement suivant des alternances régulières. Dans ces différents cas, la couleur constitue un caractère nouveau venant se joindre à celui de la forme; c'est une analogie de plus dans ce genre d'impressions réitérées.

Il est à peine nécessaire d'ajouter que tout cela ne concerne pas seulement le dessin dans un plan et s'applique aussi bien à la forme dans ses trois dimensions.

Il convient de remarquer aussi quel important élément de variété le mode d'éclairement, c'est-à-dire une modification de couleur, peut apporter dans l'impression que nous cause la vue d'un objet de forme esthétique. Un édifice de belle architecture prend des aspects divers et toujours séduisants, suivant que la lumière du soleil le frappe d'aplomb au milieu du jour, ou le dore de ses rayons inclinés le soir et le matin; suivant qu'un temps sombre le revêt d'un caractère plus sévère, ou que la brume du crépuscule en laisse les contours indécis, et oblige à deviner les détails, ou encore que la clarté de la lune lui donne des tons argentés et bleuâtres. L'œil, dans ces conditions diverses, reconnaît toujours le même objet, l'impression, dans toutes ces variétés, conserve son caractère esthétique essentiel.

On cherche quelquefois à produire artificiellement des effets plus prononcés encore, par exemple en éclairant un monument, une salle, par la lumière électrique ou par des feux colorés. Qui n'a entendu parler, s'il ne l'a admiré lui-même, du Colysée de Rome illuminé aux flammes de Bengale, ou de la galerie de sculptures du Vatican éclairée aux flambeaux? On obtient ainsi le rappel d'une impression esthétique connue, modifiée et ravivée par un jeu étrange de couleur et de lumière. Malgré ce qu'il y a d'artificiel et de factice dans ce procédé, il produit de beaux effets, même lorsqu'on l'applique à des paysages. Je me rappelle que, dans un voyage dans l'Oberland, je rencontrai un peintre bien connu, Diday, auquel j'exprimai mon intention de ne point aller voir l'illumination aux feux de Bengale des cascades du Giesbach, qui était alors une nouveauté et qui me semblait une sorte de profanation des beautés alpestres. Diday me répondit : « Vous avez tort; allez-y, c'est réellement beau; voyez-vous, la nature peut supporter cela : c'est comme une belle femme à qui tous les costumes vont bien. »

Un autre effet, en corrélation avec l'éclairement des objets, est celui que produisent leurs ombres. Quand la source de lumière est vive et de petite dimension angulaire, l'ombre portée est intense et bien définie dans ses contours; c'est ce qui a lieu avec la lumière solaire. Si, au contraire, la lumière est diffuse, comme celle d'un ciel couvert, ou celle qui pénètre dans une salle par les fenêtres, l'ombre est diffuse également. Lorsqu'on a plusieurs foyers lumineux, les ombres deviennent multiples. Leurs teintes varient aussi suivant les circonstances.

Ces ombres produisent des effets esthétiques de diverse nature :

1o Elles apportent un élément qui, aussi bien que les modifications de ton ou d'intensité dues à l'éclairement, change et varie l'aspect général d'un assemblage d'objets, tout en laissant subsister l'impression principale que leur forme détermine.

2o Elles permettent habituellement de mieux juger de la forme réelle des objets que l'on voit dans une direction déterminée, et l'on sait le parti que les dessinateurs tirent de ce fait pour reproduire par un dessin sur un plan l'impression d'un objet dans ses trois dimensions. Très souvent une relation de symétrie ou de similitude entre deux parties d'un objet, dont l'une est directement visible, tandis que l'autre est cachée, se trouve indiquée par l'ombre portée qui la dévoile. Ainsi, plaçons-nous dans une église gothique dont une face est en plein soleil; tournons le dos à cette face : nous jugerons de la position et de la forme des fenêtres situées en arrière de nous, par l'ombre qu'elles projettent sur le sol, et nous établirons facilement une relation entre la forme de cette ombre et l'architecture de la face opposée que nous voyons directement.

3o Il y a toujours une analogie entre la forme de l'ombre et celle de l'objet lui-même; c'est une sorte de vague reproduction de l'impression que développe la vue de ce dernier, c'est une relation que nous saisissons facilement et qui provoque ou renforce une sensation esthétique.

La réflexion régulière par les corps polis, tels que

les miroirs ou les nappes d'eau, entraîne aussi des effets esthétiques résultant de la forme et de la lumière réunies. Lorsque la surface réfléchissante est plane, elle donne toujours lieu à une image virtuelle reproduisant la forme des objets placés devant elle. Les positions verticales et horizontales des miroirs sont évidemment les plus favorables à cette sensation de symétrie. Le charme de la réflexion d'un paysage sur l'eau d'un étang, le rôle des glaces dans la décoration des appartements sont justifiés par cette impression réitérée. Quand la surface réfléchissante est courbe, les images sont déformées; ce cas est plus rare et ne présente pas assez d'importance pour que nous nous y arrêtions ici.

3. La continuité de la couleur.

La continuité dans le temps.

Nous avons à examiner d'abord la continuité des impressions optiques dans le temps; nous examinerons ensuite leur continuité dans l'espace.

D'après ce que nous savons sur le mode de perception des couleurs, il ne peut se produire une sensation discontinue, quel que soit le ton des rayons mélangés. Tant qu'il n'y aura pas de changement dans l'intensité ou dans la teinte des rayons pénétrant dans notre œil, nous recevrons une impression continue, identique à elle-même dans les instants qui se succèdent, ayant par conséquent par elle-même un caractère esthétique.

Seulement toutes les couleurs ne se comportent pas de même à cet égard. Deux causes principales tendent à accentuer ou à émousser l'impression qu'elles produisent.

1° L'effet esthétique d'une sensation lumineuse aussi bien que d'une sensation sonore dépend beaucoup de son intensité, lorsqu'il s'agit d'une impression isolée et indépendante d'autres impressions de même nature avec lesquelles elle est en relation. A moins que l'on ne dépasse les limites de ce que nos organes peuvent supporter sans fatigue, l'impression de la continuité sera d'autant plus frappante que la sensation s'imposera plus fortement par son énergie. Un son musical plein, intense, brillant comme on dit, une couleur vive et éclatante nous frapperont davantage qu'un son faible ou une teinte pâle et terne. La luminosité des couleurs a donc une influence que l'on ne saurait négliger.

Or, lorsqu'on décompose la lumière blanche par le prisme, on observe que ce sont les couleurs correspondant aux vibrations les moins rapides, comprises entre le rouge et le vert-bleu, qui font le plus d'impression sur notre œil; le maximum d'éclat appartient au jaune. Ces couleurs entrent par conséquent pour la plus grande part dans la sensation que nous donne la lumière blanche. A égalité d'éclairement, un corps présentant une de ces couleurs à un degré de saturation élevé produira donc beaucoup plus d'effet qu'un corps bleu, indigo ou violet.

Cette différence d'éclat explique en grande partie la division que les peintres établissent entre les couleurs chaudes, qui sont les plus lumineuses, et les couleurs froides, qui sont les moins éclatantes.

Les mélanges de blanc et d'une couleur chaude participeront au caractère de ces dernières. En effet, si nous prenons de la lumière blanche et que nous en enlevions une des couleurs froides, nous diminuons très peu l'éclat général, et cependant une modification très sensible s'est produite dans la teinte, qui est devenue celle d'une couleur chaude lavée de blanc. Si c'est une couleur chaude que nous supprimons, la teinte qui reste est froide, mais en même temps la luminosité a beaucoup diminué.

Comme nous l'avons déjà dit, les métaux dépassent de beaucoup les autres corps par la proportion de lumière qu'ils renvoient, et il s'y joint quelquefois, comme chez l'or, une teinte chaude contribuant à l'impression qu'ils développent. La réflexion régulière qui se produit sur les surfaces polies, métalliques ou autres, détermine aussi dans certaines directions un éclat exceptionnel qui explique en partie le charme particulier aux corps ayant cette propriété.

2o La prolongation ou la monotonie d'une sensation visuelle en émousse promptement l'effet. On sait avec quelle facilité l'œil cesse d'être sensible à des différences de teintes même très accentuées lorsqu'elles ne sont pas mises en évidence et rehaussées par quelque contraste ou quelque caractère réveillant l'attention. Si l'on regarde un paysage à travers un lorgnon muni de verres légèrement bleus ou verts, au bout de quelques moments on ne s'aperçoit plus de la modification de teinte, et c'est seulement lorsqu'on met ou que l'on pose le lorgnon, que l'on est frappé de la différence d'apparence.

Par suite, les couleurs que nous avons le plus souvent sous les yeux, les plus ordinaires, nous frappent moins que les plus exceptionnelles. Or ce sont les teintes les plus saturées, celles que l'on appelle les plus voyantes, qui sont les plus rares, celles par conséquent qui feront le plus d'effet, qui donneront l'impression esthétique, je ne dirai pas la meilleure ni la plus délicate, mais la plus facilement accessible. La foule, les peuples les moins cultivés, les enfants aiment les couleurs voyantes. Les tons que présentent la majorité des objets qui s'offrent aux regards, tons blancs, tons gris, tons rabattus, auront moins d'attrait pour eux[1].

La continuité dans l'espace.

L'identité de couleur dans tout l'ensemble d'un objet quelconque plaît habituellement, parce que nous retrouvons en tous les points que nous considérons une impression semblable. Ceci s'applique aussi bien aux lignes qu'aux surfaces. Dans un dessin nous tenons à ce que les traits soient de même

---

[1] La même raison influe peut-être sur la limite de séparation des tons chauds et des tons froids. Le vert qui cependant a une luminosité considérable est souvent classé dans les tons froids. Cela ne vient-il pas de ce que cette couleur, celle des végétaux, s'offre constamment à nous et que nous sommes blasés sur l'impression qu'elle produit ?

force relative et de même teinte (à moins que l'on n'emploie intentionnellement des couleurs symétriquement disposées ou périodiquement reproduites). Une surface d'une nuance uniforme produit sur nous une sensation esthétique; mais la monotonie en atténue facilement l'impression. Aussi est-ce surtout quand cette continuité est accidentellement rompue que nous en reconnaissons l'importance : une tache sur une étoffe de couleur unie nous frappe désagréablement, et généralement le défaut de propreté d'un objet entraîne une impression de laideur; nous sentons que la loi de continuité n'est pas respectée.

Il est d'ailleurs très rare qu'un corps nous apparaisse comme présentant une teinte parfaitement uniforme, parce que les variations d'éclairement en modifient l'intensité dans les différentes parties. Ce n'est guère que sur une surface plane, exposée à une lumière partout égale, que nous pouvons observer une continuité parfaite. Mais, loin de lui nuire, les différences d'éclairement rehaussent l'effet esthétique en en détruisant la monotonie, comme nous l'expliquerons dans l'article suivant.

A côté de la continuité des surfaces, il faut aussi considérer la continuité des solides, c'est-à-dire leur homogénéité, dont, si je ne me trompe, l'importance a été un peu méconnue au point de vue qui nous occupe. Toutes les fois que l'on se trouve dans des conditions permettant de la constater, elle détermine une impression esthétique plus ou moins vive.

Considérons d'abord un corps solide et transparent, tel que du verre ou un cristal. Sa forme sera visible pour nous par réflexion ou diffusion de la lumière à sa surface; de plus, la possibilité de distinguer la surface postérieure aussi bien que la surface antérieure nous permet d'apprécier la forme de l'objet mieux que s'il était opaque : c'est déjà là, pour le dire en passant, une condition favorable si cette forme présente quelque beauté. Mais, en outre, grâce à des phénomènes de réflexion, de réfraction, de coloration ou d'opalescence, notre œil est apte à juger de l'homogénéité de la matière : nous distinguons parfaitement une tige d'un tube de verre, un vase plein d'un vase vide : nous apercevons les défauts intérieurs, s'il s'en rencontre, et lorsque la substance est partout identique à elle-même, nous en recevons une impression esthétique incontestable. On fait grand cas de la belle eau des pierres précieuses, de la pureté des cristaux et des verres taillés.

Chez les liquides les conditions sont différentes. A moins qu'ils ne soient animés d'un mouvement rapide, ils n'ont pas de forme propre et prennent celle des vases qui les contiennent. Si le vase est transparent lui-même, nous jugeons du fluide qu'il renferme comme nous le ferions pour un corps solide; mais les applications esthétiques sont très restreintes : on peut trouver du joli dans la pureté des liquides exposés dans la vitrine d'un parfumeur; un buveur gourmet se plaît à voir un vin clair dans son verre; on obtient quelques effets agréables et d'un degré plus artistique avec des aquariums grands ou petits; ce sont là des impressions fort limitées.

Quand le vase est opaque nous ne pouvons plus juger de l'homogénéité du liquide que par la surface supérieure. Si le liquide est en grande masse, comme l'eau remplissant le bassin d'une fontaine, un étang, un lac ou la mer, l'impression d'homogénéité prend une valeur considérable et constitue un facteur important du beau dans la nature.

Lorsque le liquide est en mouvement rapide, il peut avoir une forme par lui-même : le jet clair d'une fontaine, la nappe d'eau arrondie qui s'élance au haut d'une cascade, les vagues de la mer ont un caractère de beauté dans lequel la limpidité, l'homogénéité entrent pour la plus grande part.

Quant aux gaz, leur faible pouvoir réfringent rend l'impression moins sensible : pris en petite masse, nous ne les apercevons pas, sauf dans les cas exceptionnels où ils sont colorés, ou chargés de vapeurs, de fumées ; un flacon plein d'air ne se distingue pas d'un flacon où l'on a fait le vide à l'aide de la machine pneumatique. Mais en grande masse l'air devient visible : il diffuse légèrement la lumière en lui donnant une teinte le plus souvent bleuâtre ; de là résultent ces effets de perspective aérienne qui nous permettent de juger de la présence, de la pureté et de la continuité de l'atmosphère.

Chez les corps opaques, cette sensation d'homogénéité ne peut pas se manifester effectivement, directement, comme chez les corps transparents. Cependant elle se produit encore virtuellement : nous ne pouvons juger de l'homogénéité des corps opaques que par l'homogénéité de leurs surfaces visibles : si cette dernière se manifeste, nous jugeons probable qu'elle s'étend à l'intérieur. De là notre goût pour les objets massifs (indépendamment de la valeur pécuniaire qui peut en résulter s'il s'agit de métaux précieux); nous préférons le marbre au stuc, les lambris en bois naturel aux boiseries vernies en faux bois, les meubles massifs aux meubles plaqués : c'est une sorte de tendance instinctive à la continuité. Tant que l'objet est sans défaut, l'impression physique réelle est la même dans les deux cas; mais la moindre détérioration de la surface suffit à faire apparaître le manque d'homogénéité quand elle n'existe effectivement pas, et provoque l'impression de la laideur.

Nous parlerons tout à l'heure d'un autre mode de continuité consistant dans la variation par degrés insensibles du ton et de l'intensité des couleurs.

4. La juxtaposition des couleurs.

Nous avons vu que des rayons divers émanant directement ou indirectement d'un même point confondent leurs couleurs en une seule et par suite donnent lieu à une impression continue. Nous devons maintenant examiner le cas des couleurs juxtaposées qui ne se fusionnent pas, et rechercher les effets esthétiques qu'elles peuvent produire. Nous ne devons pas nous attendre à trouver en cela des règles d'une précision comparable à celles que l'on rencontre en musique. Cependant nous allons reconnaître que les couleurs dont le rapprochement est satisfaisant sont celles qui, d'une façon ou d'une autre, présentent une parenté basée sur une impression commune.

Juxtaposition des nuances de même ton.

a) Les teintes de même ton et de même saturation, ne différant par conséquent que par l'intensité, vont en général bien les unes avec les autres.

Ce cas se présente constamment et tout naturellement lorsqu'on considère un objet quelconque d'une couleur homogène, mais dans laquelle les variations d'éclairement produisent des variations d'intensité.

Prenons par exemple un vase de porcelaine d'une teinte uniforme; exposons-le à une vive lumière : les parties les plus éclairées auront une intensité de couleur beaucoup plus grande que celles qui sont dans le clair-obscur ou dans l'ombre complète. L'impression est satisfaisante, parce que toutes les teintes, plus ou moins rabattues, sont reliées par le ton et la saturation qu'elles ont en commun. Il en est de même d'une étoffe de couleur unie dont les plis se manifestent par une simple variation d'intensité lumineuse.

A l'accord de ces différentes nuances s'ajoute, le plus souvent, un effet de continuité. Lorsque les différentes parties de l'objet considéré sont arrondies et ne forment pas des angles vifs, la variation de teinte du clair au foncé s'effectue par une gradation insensible : d'un point au point voisin l'impression diffère aussi peu que possible.

L'élégance d'une toilette de femme complètement assortie, les effets satisfaisants de l'uniformité de teintes dans les tentures et les matériaux de construction, s'expliquent aisément par ces caractères.

Les différences d'intensité, sans changement de ton ou de saturation, qui se réalisent naturellement par des variations d'éclairement, comme nous venons de le voir, peuvent aussi se produire artificiellement. Dans les étoffes, on a fréquemment des dessins d'une teinte déterminée se détachant sur un fond de même couleur plus ou moins rabattue. Ou bien un meuble, un costume est formé d'étoffes de teintes pareilles, velours et satin par exemple, où, à part quelques différences de saturation, l'œil retrouve un élément identique et commun.

Le noir étant la limite vers laquelle tendent toutes les couleurs de plus en plus rabattues, appartient pour ainsi dire à tous les tons; et, de fait, la juxtaposition du noir et d'une couleur quelconque est satisfaisante : l'œil reconnaît, par habitude ou par comparaison directe, que toutes les parties d'un corps qui sont complètement dans l'ombre produisent l'impression du noir.

Si les diverses parties d'un même objet, d'une étoffe, par exemple, présentent plus de deux teintes de même ton et de même saturation et ne différant que par l'intensité, leur gradation régulière peut souvent déterminer un effet agréable.

b) Les couleurs de même ton, mais à des degrés divers de saturation, vont habituellement bien ensemble. Une foule d'étoffes, de tapisseries réalisent cette condition. Dans les parties polies d'un corps coloré, la saturation est plus grande que dans les parties non polies, qui diffusent la lumière blanche en plus forte proportion : par suite, l'effet de dessins polis sur fond mat est satisfaisant, car le ton reste constant et établit une relation commune. Il en est de même de diverses essences de bois dont les veines ont le même ton plus ou moins clair et lavé de blanc.

Les gradations insensibles dans la saturation plaisent aussi par leur continuité, et, à défaut d'une continuité complète à cet égard, des degrés décroissant régulièrement sont fréquemment employés.

Comme le noir, le blanc va bien avec toutes les couleurs, ce que l'on peut expliquer parce que le blanc est la limite vers laquelle elles tendent toutes lorsque la saturation diminue. Toutefois le blanc juxtaposé à une couleur intense et très saturée a souvent quelque chose de dur; la différence est trop complète pour que le lien reste bien établi. Nous allons d'ailleurs être appelés, dans le paragraphe suivant, à nous occuper de la question importante des contrastes.

Juxtaposition des couleurs de tons différents.

Classement des couleurs. — Si l'on range toutes les couleurs par gradations insensibles de tons, on obtient la série de toutes les nuances du spectre, du rouge au violet en passant par le jaune et le vert, puis la série moins longue du violet au rouge en passant par le pourpre.

Disposons ces couleurs sur un cercle, comme l'ont fait Newton et, après lui, beaucoup d'autres, parmi lesquels on doit citer Chevreul. A la circonférence nous placerons les couleurs pures, c'est-à-dire telles qu'elles nous apparaissent dans le spectre solaire, nous rappelant toutefois que ce degré de pureté, le plus élevé que nous puissions atteindre, n'est cependant pas la saturation absolue. Puis les mélanges de ces couleurs pures avec le blanc seront placés dans les parties intérieures du cercle, et d'autant plus rapprochés du centre qu'ils contiennent plus de blanc, le centre lui-même étant blanc pur. Sur un même rayon du cercle nous aurons donc tous les degrés de saturation d'un même ton.

Nous avons dit que le mélange de certaines couleurs simples prises deux à deux, telles que le jaune et l'outremer (indigo), le rouge et le bleu-vert, produit l'impression du blanc; ce sont des couleurs complémentaires. Nous aurons soin de placer ces couleurs complémentaires aux deux extrémités d'un même diamètre de notre cercle chromatique, de façon qu'elles soient toujours opposées l'une à l'autre (fig. 27).

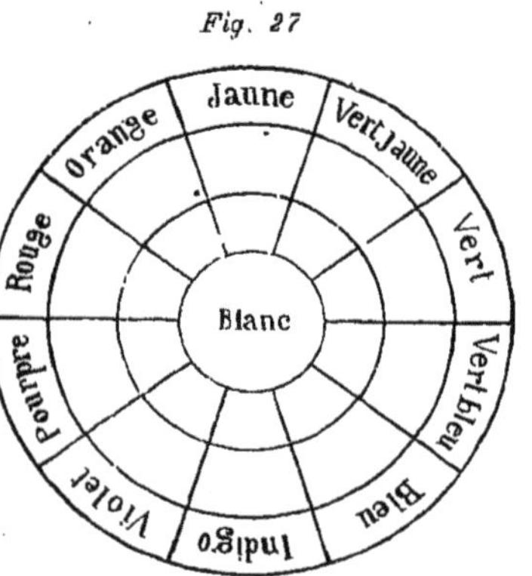

Ce cercle ainsi construit nous donnera une carte où seront représentées, pour un certain degré d'intensité lumineuse, toutes les couleurs différant par le ton et la saturation.

Pour d'autres degrés d'intensité lumineuse, c'est-à-dire pour des couleurs plus vives ou plus rabattues, il faudrait construire une série d'autres cercles chromatiques plus clairs ou plus foncés.

Ce classement des couleurs effectué, recherchons celles qui vont bien ou mal ensemble, lorsqu'on les juxtapose; il va sans dire que ces relations devront se rapporter à la couleur seule, en éliminant autant que possible l'influence de la forme ou du dessin.

Couleurs analogues. — Deux couleurs situées l'une à côté de l'autre, c'est-à-dire sur deux rayons très voisins du cercle chromatique, produisent sur notre œil des impressions très analogues. Par suite, leur juxtaposition n'a habituellement rien de choquant; l'effet produit est à peu près le même que celui de l'association d'une couleur un peu plus claire à la même couleur un peu plus foncée.

Lorsque le passage d'une couleur à l'autre s'effectue par degrés insensibles, l'impression est satisfaisante par sa continuité, pourvu que la transition ne soit pas trop rapide. C'est ainsi qu'au soleil couchant la teinte du ciel, passant du bleu à l'orangé, produit un effet d'une grande beauté. De même le spectre solaire nous présente toute la série des couleurs saturées sans qu'aucune d'elles semble déplacée.

Nous pouvons donc admettre que généralement

les tons rapprochés produisent une impression
esthétique par leur juxtaposition; c'est ce que Chevreul appelle une harmonie d'analogue [1].

Contraste des couleurs. — Nous devons maintenant
nous occuper des effets de contraste qui se manifestent dans la juxtaposition des couleurs, ce mot de
contraste étant pris dans un sens un peu différent de
celui du langage habituel. En effet, il ne s'agit pas
seulement ici d'une différence plus ou moins vive
d'impression, mais d'un phénomène physiologique,
désigné autrefois sous la dénomination de couleurs
accidentelles, que Chevreul et M. Brücke ont étudié d'une manière très complète.

Chevreul distingue le contraste *successif* des couleurs et le contraste *simultané*.

Voyons d'abord en quoi consiste le contraste *successif* des couleurs. Sur une feuille de papier blanc
fortement éclairée plaçons un morceau de papier
coloré, de forme quelconque, ronde par exemple.
Fixons notre regard sur une petite croix tracée sur
le papier blanc tout au bord du rond de papier
coloré. Au bout de quelques instants, sans détourner
notre regard de la petite croix servant de repère,
enlevons le papier coloré au moyen d'un fil qui lui
est attaché. Nous verrons, à la place du rond enlevé,
une tache de même forme et de même grandeur,
colorée dans le ton de la couleur complémentaire :

[1] L'effet satisfaisant de la juxtaposition de couleurs de même ton, dont
nous avons parlé plus haut, doit aussi être classé dans les harmonies
d'analogue.

si le rond était formé de papier d'un rouge saturé, la tache ou image sera bleu-vert mélangé de blanc; le jaune donnera du bleu clair par contraste successif; le vert du pourpre, etc.

Si le fond, au lieu d'être blanc, est formé de papier noir, les mêmes phénomènes se produisent, seulement l'image sera de la teinte complémentaire rabattue, et non pas lavée de blanc, comme dans le cas précédent.

Si le fond est coloré, jaune par exemple, un rond de papier rouge donnera lieu à une image dont la couleur est la résultante du vert-bleu, complémentaire du rouge, et du jaune, teinte du fond : ce sera donc un vert-jaune non saturé.

Sur un fond gris, c'est-à-dire sur un blanc peu lumineux, un rond de papier noir donnera par contraste successif une image blanche, c'est-à-dire plus claire que le fond; et inversement un rond de papier blanc produit une tache grise plus foncée que le fond. En effet, le blanc et le noir peuvent être considérés comme complémentaires, leur réunion formant un gris ou blanc peu lumineux.

Au bout de quelques instants, lorsque l'œil s'est reposé, ces effets de contraste successif disparaissent. On peut les expliquer par une fatigue des nerfs de l'œil. Ainsi, en regardant un papier rouge sur fond blanc, les nerfs du rouge se fatiguent, l'impression du rouge, qui était d'abord très vive, s'atténue jusqu'à un certain point; puis, lorsqu'on enlève le papier rouge, la rétine est frappée par des rayons blancs qui, sur l'œil reposé, produiraient une égale excitation des trois catégories de nerfs, mais qui, agissant sur l'organe fatigué et moins sensible au rouge, déterminent une impression prépondérante des nerfs du vert et du violet, en sorte que c'est le ton de la couleur complémentaire du rouge qui apparaît.

Passons maintenant au contraste *simultané*. Reprenons notre rond de papier rouge placé sur fond blanc. Fixons avec soin notre regard sur le centre marqué d'une petite croix comme point de repère. Nous voyons autour du cercle rouge une auréole colorée de la teinte complémentaire, soit un bleu-vert lavé de blanc. Avec un rond de papier jaune, on aura une auréole bleuâtre; avec un rond noir, une auréole blanche plus claire que le fond. Sur fond noir, les auréoles seront encore de la couleur complémentaire, mais rabattue. Bref! le contraste simultané consiste en ce que, lorsque deux surfaces adjacentes sont diversement colorées, chacune d'elles, dans la partie voisine de la ligne de contact, nous paraît teintée de la couleur complémentaire de celle de l'autre surface. Les teintes du contraste simultané sont donc les mêmes que celles du contraste successif.

Habituellement les effets de contraste successif et de contraste simultané se réunissent l'un à l'autre. Lorsque nous envisageons un objet, tel que le rond de papier coloré sur fond blanc, nous ne nous attachons pas en général à fixer la direction de l'œil sur un point déterminé : le regard se déplace et se promène sur les différentes parties de l'objet. Or, si pendant un moment nous avons fixé notre attention sur le centre du rond, par exemple, et si nous portons ensuite le regard sur le bord, nous verrons se produire l'image de couleur complémentaire due au contraste successif, image qui débordera sur le fond. Le même effet se reproduit à chaque déplacement de l'œil et, comme la mobilité de cet organe est très grande, le résultat sera la formation, autour du fond coloré, d'une auréole complémentaire, irrégulière et chatoyante, parce qu'elle se modifie à chaque instant. Cette auréole se superposera à celle qui est due au contraste simultané; il y aura contraste mixte.

Juxtaposition des couleurs complémentaires. — Il résulte de ce qui précède que, toutes les fois que nous envisageons un objet coloré se détachant sur un fond blanc, gris ou noir, nous voyons simultanément ou successivement se développer la couleur de contraste, soit une couleur de ton complémentaire de celui de l'objet considéré. Il y a donc une association naturelle, une parenté entre ces deux tons, et l'œil, en voyant deux couleurs complémentaires juxtaposées, éprouve une impression généralement agréable, parce qu'il reconnaît cette parenté, il retrouve avec une plus grande énergie une impression qui lui est familière.

Cet effet satisfaisant des couleurs complémentaires ou à peu près complémentaires a été très universellement reconnu. Chevreul le désigne sous la dénomination d'harmonie de contraste.

La parenté dont nous venons de parler n'est pas d'ailleurs la seule raison de cet accord des couleurs complémentaires; les autres effets du contraste y contribuent, comme nous allons le voir.

Lorsque deux couleurs complémentaires sont juxtaposées, le contraste a pour effet d'en augmenter la saturation et l'éclat. Supposons, en effet, un fond d'une couleur saturée, bleu d'outremer par exemple, en regardant cette surface l'œil se fatigue, et la teinte pure qu'il avait observée au premier instant se ternit et perd de son éclat apparent. Sur ce fond plaçons maintenant une surface jaune saturée : immédiatement le bleu contigu reprendra de la vivacité, parce que la couleur complémentaire du jaune que développe le contraste, c'est-à-dire le bleu, s'ajoutera à l'impression du bleu naturellement existante. De même le jaune paraîtra plus saturé qu'il ne l'est réellement, parce qu'il s'y ajoutera du jaune par contraste avec le fond. Les couleurs pures paraîtront ainsi *sursaturées*, et les couleurs pâles plus saturées qu'elles ne le sont de fait. Remarquons que l'œil, en se portant alternativement d'une couleur à l'autre, se reposera d'une sensation par la sensation opposée, et que l'organe éprouvera ainsi des impressions très vives, sans se fatiguer. Ainsi le contraste purifie et rehausse les teintes complémentaires associées; or nous avons vu que la vivacité des couleurs constitue par elle-même un élément esthétique.

En outre, il importe de remarquer que dans ces conditions les deux couleurs prennent un chatoiement très sensible. A moins d'un effort tout spécial, le regard n'est pas immobile, il se porte successivement sur les diverses parties de l'ensemble, en sorte que les effets de contraste sont eux-mêmes inconstants, et c'est tantôt une place, tantôt l'autre dont la teinte est rehaussée. Il n'y a là aucun changement de ton, l'unité n'est pas rompue; mais la couleur prend quelque chose de mobile et de vivant qui ajoute beaucoup à son effet. L'expérience est facile à faire avec une bande de papier écarlate juxtaposée à une bande de papier bleu-vert; c'est sur le rouge que ce chatoiement est surtout apparent.

En résumé, l'accord esthétique des couleurs de ton complémentaire repose :

1° Sur la parenté des deux couleurs : l'œil a l'habitude de voir toujours les deux tons plus ou moins associés.

2° Sur la plus grande pureté des teintes qui se rehaussent mutuellement sans fatiguer la vue[1].

3° Sur un chatoiement sans modification de ton qui fait varier l'impression sans en rompre l'unité.

Ce point établi, il nous reste quelques observations à présenter.

---

[1] C'est à cette seconde cause seule que l'on attribue généralement l'effet satisfaisant de l'association de teintes complémentaires. Je crois qu'elle n'est pas suffisante. En effet, juxtaposons deux couleurs complémentaires lavées de blanc : elles se rehaussent, il est vrai, et paraissent plus saturées qu'elles ne le sont réellement; mais elles demeurent très loin de la pureté absolue. L'effet est satisfaisant. — Prenons maintenant deux couleurs non complémentaires et saturées, du bleu et du vert par exemple; l'effet est franchement désagréable, et cependant, dans ce second cas, les couleurs apparaissent comme plus saturées, plus pures que les couleurs complémentaires pâles du cas précédent. Il faut donc qu'il y ait d'autres causes agissantes, telles que la première et la troisième de celles que je viens d'indiquer.

1° La juxtaposition de couleurs complémentaires est quelquefois un peu dure et l'opposition trop frappante, surtout lorsqu'elle n'a pas pour but de faire ressortir la forme et le dessin, et quand c'est par la couleur même que l'on cherche à produire une sensation esthétique. Cette dureté de contraste paraît se manifester particulièrement si l'une des deux couleurs associées est à la fois très lumineuse et du ton de l'une des couleurs fondamentales, qui sont toujours les plus voyantes. Ainsi deux des couleurs fondamentales, le rouge-écarlate et le vert-émeraude, sont très lumineuses; par suite les combinaisons complémentaires : rouge-écarlate et bleu-vert, ou vert-émeraude et pourpre présentent une dureté qui a été reconnue par divers observateurs. La troisième couleur fondamentale, le bleu-violet, qui est bien moins lumineuse, forme un contraste moins dur avec sa complémentaire, le jaune verdâtre. On obtient des effets satisfaisants avec les autres couples complémentaires, tels que :

Rouge-orangé (minium) et bleu-cyané,
Orangé   et bleu-cyané voisin du bleu franc,
Jaune-orangé et bleu franc,
Jaune   et outremer,
Vert-jaune   et violet.

2° Le contraste s'exerce entre le blanc ou le gris clair d'une part, et le noir ou le gris foncé d'autre part. Le voisinage du blanc rend le noir plus foncé, et inversement le voisinage du noir éclaircit le blanc. L'opposition est souvent dure, particulièrement si le blanc est très lumineux et si la combinaison n'a pas pour but de faire ressortir un dessin. Généralement les couleurs foncées et rabattues éclaircissent les couleurs claires qui leur sont associées, et vice versa.

3° Lorsque les deux couleurs ne sont pas immédiatement juxtaposées, mais qu'elles sont séparées par du blanc, du gris ou du noir, les effets de contraste favorable ne sont point annulés. C'est ce dont on peut se rendre facilement compte avec un peu de réflexion [1].

4° Quelquefois la juxtaposition de teintes complémentaires produit un mauvais effet, parce que le but que l'on recherche est tout autre que celui de produire un assemblage de couleurs agréable par lui-même. Ainsi il est admis que le teint d'une femme doit se rapprocher du blanc légèrement rosé; une personne dont la carnation s'écarte de ce type

---

[1] Supposons comme exemple que l'on ait une étoffe composée de bandes dont les couleurs se succèdent dans l'ordre suivant : blanc, bleu, blanc, jaune, blanc, bleu, etc. Si le regard se fixe d'abord sur une bande jaune, le contraste simultané du blanc fera ressortir les deux couleurs, jaune et bleu, qui sont plus foncées; le blanc lui-même restera blanc, car les deux couleurs voisines agissent sur lui en sens opposé; tout au plus les bandes blanches seront-elles un peu teintées de bleu dans la partie adjacente au jaune, et de jaune dans la partie adjacente au bleu; or tous ces tons vont bien ensemble. Si ensuite le regard quitte la bande jaune, pour se porter sur une bande bleue, les deux couleurs seront rehaussées par contraste successif, et aussi par le contraste simultané du blanc. Si plus tard l'œil se dirige sur une bande blanche, il la verra colorée en jaune pâle par contraste successif du bleu; les autres bandes blanches paraîtront alternativement bleuâtres et d'un jaune pâle; les bandes colorées conserveront leur éclat. Toutes ces teintes s'accordent les unes avec les autres par harmonie d'analogue ou de contraste : l'effet général sera satisfaisant.

en étant trop rouge se gardera bien de faire ressortir ce défaut en portant des vêtements vert tendre ou bleu de ciel. Un costume grenat foncé lui siéra mieux en tendant à la pâlir.

Juxtaposition des couleurs intermédiaires entre les analogues et les complémentaires. — Nous venons de voir que les couleurs qui, sur notre cercle chromatique, sont disposées sur des rayons très voisins (couleurs analogues) ou sur des rayons diamétralement opposés (couleurs complémentaires) produisent en général un effet agréable par leur association.

Examinons maintenant quels sont les effets de la juxtaposition et du contraste de deux couleurs qui, dans le cercle chromatique, sont situées sur des rayons faisant entre eux un angle à peu près droit, comme par exemple le rouge et le jaune, le jaune-orangé et le vert, le vert et le bleu, le bleu-cyané et le violet, etc. Ces combinaisons de teintes passent habituellement pour être désagréables, ce que l'on peut expliquer par les motifs suivants :

1° Ces couleurs n'ont entre elles aucune affinité de ton, ni directement comme les couleurs analogues, ni indirectement par contraste comme les couleurs complémentaires En voyant l'une des teintes, l'œil ne trouve rien qui lui rappelle l'autre.

2° Les effets de contraste modifient le ton des deux couleurs. Par exemple, si l'on juxtapose du rouge et du jaune, le contraste ajoute au rouge un peu de la teinte complémentaire du jaune, soit le bleu-outremer : ce mélange fait que le rouge paraît sensiblement pourpre. Réciproquement le jaune, par contraste, se trouve teinté de la couleur complémentaire du rouge, soit du bleu-vert; il prend donc un ton verdâtre. Or, comme nous l'avons dit, ces effets ne sont pas constants, il se produit un chatoiement, le rouge oscillant du rouge franc au rouge-pourpre, et le jaune passant du jaune franc au jaune-vert. Dans cette mobilité des teintes, il n'y a pas d'unité de ton, les couleurs perdent de leur pureté, le contraste est défavorable.

Si les couleurs sont séparées par du blanc, du gris ou du noir, l'effet défavorable du contraste est atténué, mais il subsiste encore.

Prenons, par exemple, du vert et du bleu; entre ces deux couleurs le blanc apparaît tantôt pourpré, tantôt jaune-orangé, teintes qui n'ont de rapport ni entre elles, ni avec les couleurs principales.

Entre les trois cas que nous avons successivement examinés, — tons très rapprochés, tons complémentaires et tons distants d'un angle droit sur le cercle chromatique, — il y a des intermédiaires. Généralement quand, à partir de l'angle droit, on écarte l'une de l'autre les deux couleurs que l'on juxtapose, le contraste en augmente la saturation et l'effet se rapproche de celui des couleurs complémentaires. Pour des couleurs séparées d'un angle de 120° ou plus sur le cercle chromatique, la juxtaposition produit une bonne combinaison. Si, au contraire, on rapproche les deux couleurs, le contraste diminue leur saturation apparente et leur éclat, jusqu'à ce qu'elles soient assez voisines pour que l'analogie devienne prédominante et l'emporte sur l'influence défavorable du contraste.

Nous répétons ici que ces effets de la combinaison des couleurs, prises deux à deux, ne sont pas toujours très évidents et que plusieurs circonstances peuvent les atténuer. Citons-en quelques-unes.

1° Deux couleurs s'alliant mal l'une à l'autre cessent de produire un mauvais effet lorsque les dessins qu'elles forment sont très petits : une étoffe composée de fils rouges et de fils jaunes n'apparaît pas comme rouge et jaune, mais comme ayant la teinte intermédiaire, l'orangé. De même une grande partie des couleurs employées par les peintres sont formées du mélange de poudres de deux couleurs qui se fusionnent et donnent la teinte intermédiaire.

2° Deux couleurs très brillantes font rarement une mauvaise impression par leur juxtaposition.

Ainsi on voit sur le plumage éclatant de certains oiseaux des reflets bleus et verts, verts et jaunes, violets et bleus dont l'assemblage est satisfaisant.

De même avec des vitraux colorés, dont la luminosité par transparence est bien plus grande que celle des corps colorés par réflexion ou diffusion, il est rare que la combinaison de deux couleurs quelconques soit désagréable : l'effet de l'éclat et de l'intensité des couleurs l'emporte sur l'influence du contraste.

De même encore certaines associations de couleurs sont satisfaisantes sur une étoffe de soie, et ne le seraient pas sur de la laine, qui est plus terne.

C'est, je crois, à la même cause que l'on doit attribuer le fait que les couleurs écartées d'un angle droit, sur le cercle chromatique, forment une moins mauvaise combinaison lorsqu'elles sont lumineuses que lorsqu'elles ne le sont pas : le rouge et le jaune, le jaune et le vert sont moins choquants à l'œil que le bleu et le violet, ou le bleu et le vert.

3o Si les couleurs sont très pâles, très lavées de blanc, elles vont rarement mal ensemble; elles ont entre elles une parenté par le blanc qui prédomine dans leur composition. On pourra objecter que toutes les couleurs pouvant, dans une certaine mesure, être considérées comme mélangées de blanc, elles devraient toutes produire de bonnes combinaisons. Il est possible que la présence du blanc, ou plutôt l'action simultanée de toutes les couleurs sur les trois catégories de nerfs, contribue à rendre moins désagréables à l'œil certaines associations de teintes; mais l'œil est blasé sur cette sensation constante du blanc, et il ne doit y être réellement sensible que si elle est très prédominante.

4o Inversement, des couleurs de peu d'intensité et fortement rabattues de noir ne produisent pas de mauvais effet par leur réunion, lors même que leurs tons s'allient mal par eux-mêmes. Le noir établit entre elles une relation commune, en d'autres termes la teinte sombre générale donne de l'unité à la combinaison.

5o La symétrie, la beauté du dessin influent très souvent sur ces relations et l'emportent sur l'effet propre des couleurs, qui passe ainsi au second rang. C'est ainsi que l'on n'est pas choqué par le contraste défavorable des palmes jaune-orangé sur le fond rouge de certains châles de cachemire, surtout si le jaune est lumineux et accentue vigoureusement le dessin. De même le quadrillé très marqué d'étoffes écossaises fait supporter des associations de teintes que l'on trouve habituellement fort défectueuses.

6° Enfin l'habitude de voir certaines couleurs rapprochées dans la nature, les conventions plus ou moins justifiées, les nécessités pratiques, etc., font souvent accepter des combinaisons de teintes médiocres par elles-mêmes.

Combinaisons ternaires de couleurs. — Après avoir examiné ce qui se rapporte aux juxtapositions de couleurs prises deux à deux, il nous reste quelques mots à dire sur les associations de trois tons différents.

Généralement, pour obtenir un effet satisfaisant, il convient que ces trois couleurs soient le plus écartées possible sur le cercle chromatique; par conséquent elles doivent se trouver sur des rayons de ce cercle faisant entre eux des angles de 120°. On atteint ainsi le meilleur résultat de contraste au point de vue de la saturation des couleurs. C'est ainsi que la combinaison rouge-pourpre, jaune et bleu-cyané est agréable et est souvent employée dans les arts.

On doit remarquer aussi que dans ces conditions chacune des trois couleurs est complémentaire de la réunion des deux autres; ainsi le rouge-pourpre ajouté au jaune et au bleu-cyané reproduit le blanc.

Il est possible que, dans les cas où le dessin s'y prête, cette circonstance contribue à l'effet obtenu [1].

Pour d'autres combinaisons ternaires le résultat est moins satisfaisant; mais, comme dans les combinaisons binaires, l'éclat des couleurs atténue les contrastes défavorables; aussi fait-on volontiers entrer dans la combinaison deux couleurs lumineuses, en sacrifiant au besoin quelque chose sur l'écartement. Ainsi l'association du rouge franc au jaune et au bleu franc est souvent employée et produit un bon effet, parce que deux de ces couleurs sont lumineuses et chaudes, et quoique le jaune soit un peu trop rapproché du rouge sur le cercle chromatique.

Je n'allonge pas sur ce sujet : les explications que l'on pourrait proposer pour justifier diverses combinaisons ternaires ou plus complexes encore ne sont pas assez positives et dépendent de trop de circonstances étrangères à la couleur proprement dite pour que nous puissions en faire ressortir quelques règles précises.

[1] Par exemple, prenons un dessin analogue à celui de la figure ci-contre, formé de trois hexagones diversement colorés, sur fond blanc ou noir. Par contraste simultané avec les surfaces voisines, l'angle B, compris entre le jaune et le rouge-pourpre, apparaît teinté en bleu-cyané : l'œil retrouve ce même ton plus énergique dans l'hexagone opposé : de même les angles R et J se colorent en rouge et en jaune comme les hexagones opposés. Ces relations doivent contribuer à l'impression esthétique de l'ensemble.

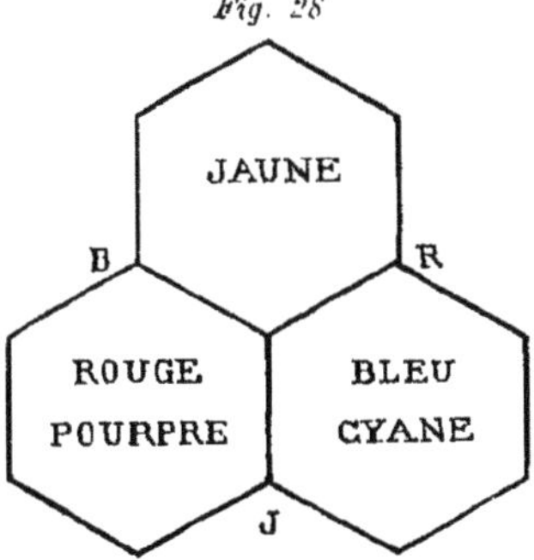

5. La répétition des couleurs.

Dans ce qui précède, nous avons souvent parlé de la couleur s'alliant à la forme et au dessin. Mais il arrive fréquemment que, la symétrie ou d'autres caractères de régularité faisant défaut, l'impression esthétique est principalement basée sur une identité ou une répétition de couleurs. Nous allons en donner quelques exemples.

Les marbres et quelques corps analogues doivent leur beauté à l'alternance de veines ou de taches irrégulières dans lesquelles les mêmes teintes se reproduisent.

Dans les tapisseries décorant les murs d'une salle, on cherche presque toujours à établir une relation de ton entre des parties dissemblables. Par exemple dans les bordures on introduira des couleurs habituellement plus saturées, mais de même ton que les dessins du fond, de manière à établir une harmonie de nuances.

Le regard se plaît de même à retrouver une même couleur dans des parties d'un ameublement qui, sans cela, seraient disparates. Il n'est pas de règle plus commune que celle de donner la même nuance aux différents meubles d'une chambre, et le charme d'objets assortis par leur couleur est trop connu pour que nous ayons à insister sur ce point.

Dans une toilette de femme, le rappel d'une même couleur dans les nœuds du chapeau, du corsage et de la jupe, se retrouvant peut-être aussi dans les chaussures, les gants, l'ombrelle, l'éventail, a toujours eu un caractère de grande élégance. Il est à remarquer que cette similitude de teintes dans les ornements doit être aussi complète que possible, et qu'il ne faut pas se borner à une similitude de ton : des nœuds d'un rouge vif mélangés avec des nœuds d'un rouge moins éclatant feront moins bon effet que si la même nuance est partout exactement répétée. Mais les ornements peuvent être du même ton que l'étoffe même du costume, avec une différence de saturation ou d'intensité : garnitures de velours sur satin, taffetas ou laine de même ton, etc.

Si le ton est différent, on devra suivre les règles exposées plus haut pour la juxtaposition des couleurs, et établir une harmonie d'analogue ou de contraste, mais en conservant la même teinte pour tous les ornements, à moins qu'une disposition symétrique ne justifie des alternances.

Je terminerai ce chapitre par une remarque analogue à celle que j'ai placée à la fin du chapitre précédent : c'est seulement au point de vue physique que nous avons examiné ce qui a trait aux impressions de couleurs, et si les règles que nous avons rappelées ont d'importantes applications aux arts décoratifs, leur rôle est très secondaire dans le grand art de la peinture. Le peintre d'histoire, de genre ou de paysage ne cherche nullement à former des assemblages de couleurs agréables par eux-mêmes; son but est de reproduire l'impression que lui fait ressentir une scène de la vie humaine ou un tableau de la nature. Cette impression appartient essentiellement au domaine intellectuel, quoique pour l'exprimer il soit forcé de recourir à des moyens matériels, et particulièrement à l'imitation des objets qui s'offrent à ses yeux.

En imitant, l'artiste se trouve appelé à employer des couleurs qui caractérisent les objets, il ne peut les changer à son gré. Sans doute, sauf dans quelques cas exceptionnels, il évite de peindre des objets laids en eux-mêmes, parce qu'ils produisent sur lui une impression pénible qu'il n'est pas enclin à reproduire; mais le but essentiel est placé au-dessus des impressions de l'ordre physique. Cette imitation, d'ailleurs, n'est pas servile; le peintre ne s'efforce pas de faire illusion, de réaliser un trompe-l'œil; il se préoccupe de traduire une idée, un sentiment, dans une langue qui parle aux yeux; et de même que le poète, sans négliger l'harmonie des sons qu'il emploie, s'attache bien plus à l'idée qu'ils expriment, de même le peintre, en faisant appel aux beautés de forme ou de couleur, veut avant tout leur faire rendre une pensée. Pour y parvenir, tels artistes, plus sensibles à la forme, s'adressent surtout au dessin; d'autres, les coloristes, cherchent de préférence leurs forces et leurs ressources dans la couleur; mais pour ces derniers, pas plus que pour les premiers, le but n'est pas de séduire l'œil par des jeux de lumière.

CHAPITRE IV

LE GOUT, L'ODORAT, LE TOUCHER

Plusieurs auteurs ne concèdent qu'aux sens de la vue et de l'ouïe le privilège de susciter en nous le sentiment du beau; ils semblent attacher une certaine importance à exclure du domaine de l'esthétique le goût, l'odorat et le toucher, comme n'étant pas assez relevés pour y tenir leur place.

On ne peut contester, en effet, que chez l'homme, à l'état normal, le rôle de ces trois sens ne soit presque toujours négligeable. Cependant je ne pense pas que, théoriquement, on puisse les ranger dans une classe à part : leur infériorité s'explique facilement, mais non leur impuissance absolue.

Le sens du goût est celui des trois qui est le moins apte à développer des sensations esthétiques. Son rôle dans notre organisation se réduit presque exclusivement à accompagner d'une jouissance sensuelle l'acte de la nutrition, à exciter l'homme à manger et à soutenir ainsi sa vie. Généralement, à peu d'exceptions près, les aliments qui nous conviennent hygiéniquement ont bon goût; les poisons et les choses

malsaines ont presque toujours mauvais goût. Ou
bien, si l'on se place au point de vue de la théorie de
Darwin, on peut dire que s'il a paru sur la terre des
races dont le goût fut flatté par des corps malsains,
elles ont dû disparaître bientôt, comme les tribus
d'Indiens qui se déciment et se détruisent par l'usage
immodéré de l'*eau-de-feu*.

A côté de ce rôle conservateur de la vie, le goût
ne nous sert que fort peu pour nous renseigner sur
la nature et les caractères des objets. Tout au plus le
médecin ou le chimiste l'utilisent-ils comme indi-
quant quelque propriété caractéristique des corps.

D'où vient cette infériorité si complète comparativement aux autres sens? Évidemment de ce qu'il
est contraire à nos idées de propreté, basées elles-
mêmes sur les règles de l'hygiène, de nous servir de
notre langue ou de notre palais pour examiner et
apprécier ce qui se présente à nous. Et, dans le fait,
un homme qui promènerait sa langue, au lieu du
regard, sur les objets dont il veut se rendre compte,
ne tarderait pas à s'empoisonner ou à contracter
quelque maladie. Ainsi le goût fonctionne très peu
comme un *sens* dans l'acception psychologique du
mot, c'est-à-dire comme une faculté nous mettant
en rapport avec le monde extérieur.

Les impressions réitérées que le goût peut nous
faire éprouver n'ont pas le caractère esthétique. La
raison en est simple : comme nous l'avons dit, la
répétition des sensations ne constitue pas le beau
par elle-même; c'est un moyen de perception du
beau qui nous révèle, par intuition, une loi, une

relation, un enchaînement d'idées, quand il en existe. Des sons successifs, sans rythme, sans rapports entre eux, ne nous produisent aucune sensation esthétique, quand bien même quelques-uns d'entre eux se répètent à des intervalles indéterminés et que nous les reconnaissons. L'impression esthétique ne prend naissance que s'il y a une loi reliant ces sons, et si, à un certain degré, cette loi se révèle à nous par intuition. De même notre palais peut retrouver la même saveur à plusieurs instants successifs, il reconnaît la même sensation, mais rien ne la relie à d'autres, rien ne révèle une loi.

Le rôle du goût serait, dirais-je, complètement nul en esthétique, s'il n'arrivait parfois qu'il réveille en nous des souvenirs, des impressions tout à fait indépendantes de l'effet sensuel, agréable ou désagréable, qu'il provoque. Qui de nous, en retrouvant certaine saveur dans un mets ou une boisson, n'a pas été ramené en imagination à une autre époque, à une autre phase de sa vie? Cette propriété n'est, d'ailleurs, point spéciale au goût; elle appartient à tous nos sens, et cela à un degré souvent beaucoup plus élevé. Or ce mode d'impressions réitérées après un long intervalle de temps, ce rappel d'une idée, provoqué par une sensation physique, a un caractère esthétique de l'ordre intellectuel que nous retrouverons dans la suite.

L'odorat, quoique se rapprochant du goût par plusieurs points, est bien plus apte à nous mettre en relation avec le monde extérieur, et souvent il complète à cet égard les sens de l'ouïe et de la vue. Son rôle esthétique est, par suite, un peu plus important que celui du goût, et je crois que c'est à tort qu'on l'a contesté. M. Ch. Lévêque, dans un ouvrage bien connu[1], fait ressortir avec un charme éloquent pourquoi une fleur nous paraît belle: il montre que ce qui nous frappe le plus en elle, c'est la manifestation de la puissance de la vie mise en évidence par la grâce, la forme symétrique, la couleur. Mais il n'admet pas que l'odeur y contribue; je n'en vois pas la raison; est-ce que le parfum de la rose n'est pas, aussi bien que sa nuance, une manifestation de la vie?

Est-ce que, lorsque nous approchons de l'océan, l'odeur de la mer ne nous donne pas une impression anticipée du spectacle qui nous attend? Est-ce que les senteurs des forêts n'entrent pas pour quelque chose dans la jouissance que nous éprouvons à les contempler? Ce sont là des sensations un peu vagues, sans doute, mais qui, pour le beau dans la nature, me semblent avoir une importance à peu près du même ordre que les sensations de l'ouïe : le bruit du vent, le chant des oiseaux, le murmure des eaux.

Plus que le goût, l'odorat a la faculté d'évoquer des souvenirs; un parfum nous rappelle d'anciennes impressions, fait surgir un tableau du passé.

D'ailleurs, si ce sens était plus développé, plus cultivé chez nous, qui nous dit qu'il ne ferait pas naître des sensations esthétiques plus fréquentes?

[1] Ch. Lévêque, *La Science du beau*. Paris, 1872.

Si notre odorat avait la délicatesse de celui du chien, un monde nouveau nous serait ouvert où le beau aurait peut-être sa part.

Théoriquement, je ne crois donc pas que l'odorat soit inapte à nous donner des impressions esthétiques. Pratiquement, ce rôle, moins insignifiant que celui du goût, est encore très restreint.

Arrivons au toucher, sens mal défini auquel on rapporte la faculté de percevoir la chaleur et le froid, aussi bien que le tact proprement dit, c'est-à-dire la sensation de résistance que nous éprouvons en touchant un corps, ou les impressions que nous causent nos propres mouvements.

Je ne puis hésiter à admettre que ce sens est susceptible de développer des impressions esthétiques.

M. Ch. Lévêque, dans l'ouvrage que j'ai déjà cité, décrit, comme il l'a fait pour la fleur, la beauté d'un enfant : ce qu'il admire, c'est encore une manifestation de la vie, et d'une vie plus parfaite que celle de la plante. Je suis pleinement d'accord sur cette interprétation. Quelle plus remarquable relation, en effet, pourraient présenter les différentes parties d'un objet, que celle de la vie qui en forme un même individu, un tout animé? Cette relation, enveloppée de tant de mystères que la science biologique s'efforce de dévoiler, nous apparaît par intuition, grâce à nos sens qui, sans l'expliquer, nous la révèlent avec une entière évidence[1].

---

[1] Ce sujet sera repris avec plus de développement lorsque nous parlerons de la beauté humaine.

Mais est-ce que c'est la vue seule qui produit cette révélation? est-ce que le sens du toucher n'y a pas sa part? Si je prends l'enfant dans mes bras, ou seulement si je saisis sa petite main potelée, est-ce que la chaleur de son corps, l'élasticité de ses chairs, la douceur satinée de sa peau, ne sont pas pour moi une manifestation éclatante de la vie? Et mon admiration ne se dissiperait-elle pas si, au lieu d'un enfant, je ne rencontrais dans la main qu'une poupée de cire assez habilement faite pour tromper le regard?

Et, dans un autre domaine, je ne puis croire que la fraîcheur du matin, la chaleur de midi ne contribuent pas aux impressions que les scènes de la nature font naître en nous.

Mais laissons de côté ces sensations plus ou moins vagues, qui, d'ailleurs, ont un caractère esthétique de l'ordre intellectuel plutôt que physique, et abordons des faits plus précis.

Nous avons parlé, au commencement du chapitre II, des sensations esthétiques qui résultent du rythme perçu par l'oreille; il me paraît incontestable que ces sensations nous sont aussi accessibles par le sens du toucher tantôt s'associant à l'ouïe, tantôt agissant isolément.

Les auditeurs d'un morceau de musique ont très généralement la tendance d'en accuser le rythme par des sensations de tact résultant de mouvements cadencés : on dodeline de la tête, on bat la mesure du pied ou de la main. Le plaisir de la danse est basé sur le même fait : ce n'est pas pour mieux entendre la musique ou mieux voir le bal que l'on aime à danser soi-même, car, au contraire, le mouvement gêne l'audition et la vue; ce qui plaît le plus, c'est le rythme ressenti dans les muscles; c'est une sensation de tact.

D'ailleurs, dans d'autres exercices du corps, auxquels la musique est complètement étrangère, les sensations rythmiques exercent une influence analogue. Ainsi dans l'équitation, à côté du plaisir de la difficulté vaincue ou du délassement que produit le mouvement, il y a certainement du charme dans les allures régulières et cadencées du cheval.

Les personnes absolument privées de l'ouïe éprouvent aussi une impression très positive du rythme, qui pour elles ne résulte que de sensations de tact. Les sourds-muets aiment habituellement la danse, dont le rythme leur est indiqué par l'ébranlement du plancher qu'ils perçoivent par les pieds. La musique leur donne aussi souvent une certaine satisfaction, les vibrations sonores leur étant transmises soit par le sol, soit par l'air agissant sur les parois de la poitrine et de l'abdomen. « Quand on fait de la musique, je sens quelque chose là, » disait en se mettant la main sur l'estomac un sourd de ma connaissance qui fréquentait les concerts et l'opéra. Y a-t-il dans cette sensation quelque chose de plus que celle du rythme? la continuité des vibrations, leur variation d'intensité, leur hauteur, ont-elles quelque influence? C'est ce que je ne saurais dire.

Le toucher nous permet aussi d'apprécier la forme des objets; s'il ne joue qu'un rôle secondaire à cet égard pour les personnes qui sont douées de la vue, il n'en est pas de même chez les aveugles : privés d'autres moyens d'appréciation des formes, ils ont uniquement recours au sens du toucher, qui acquiert chez eux un grand développement et une délicatesse remarquable. Sont-ils capables d'arriver par ce moyen à des impressions esthétiques ? c'est ce que je n'hésite pas à affirmer.

J'ai eu l'occasion d'interroger sur ce sujet deux aveugles de naissance, un jeune homme, M. A., et une jeune personne, Mlle B., tous deux très intelligents et ayant reçu l'éducation la plus complète[1].

En outre, des renseignements très intéressants m'ont été obligeamment fournis à l'Asile des aveugles de Lausanne par M. le Dr Marc Dufour et par M. et Mlle Hirzel, qui dirigent cet établissement. Je vais résumer le résultat de ces observations.

Un premier fait général, c'est que les aveugles ont des préférences parmi les objets qu'ils manient, et dont les uns leur plaisent, les autres leur déplaisent; certaines formes leur sont agréables, la toilette ne leur est point indifférente.

Si on leur demande d'expliquer snr quoi sont basées ces impressions, ils ont quelque peine à en rendre compte; il faut les mettre sur la voie. Il n'y a rien là de surprenant; il en est de même de la plupart des personnes qui sont douées de la vue et dont l'attention n'a pas été dirigée sur ces sujets.

Cherchons donc à analyser ces impressions des aveugles en les comparant à celles des voyants.

____

[1] M. A. est proprement aveugle né; Mlle B. a perdu la vue dans sa plus tendre enfance.

Si nous recherchons quels sont les caractères purement physiques et matériels qui nous plaisent dans la forme d'un objet, nous trouvons que les trois principaux d'entre eux sont la symétrie, la répétition de dessins ou ornements identiques ou analogues, et la continuité des surfaces et des lignes.

Nous allons voir qu'il en est de même pour les aveugles. Mais nous devons nous mettre en garde sur une nature d'impressions qui pourraient nous induire en erreur. Les aveugles, avec leur tact délicat, sont beaucoup plus sensibles qu'on ne l'est d'ordinaire à la nature des surfaces; ils apprécient plus vivement celles qui sont douces au toucher, et le contact de celles qui sont rugueuses leur est plus désagréable, surtout s'il se produit un contraste successif dans la sensation. Ainsi, Mlle B. me disait que, lorsqu'elle avait entre les mains une assiette de porcelaine peinte de fleurs, cette peinture lui causait un sentiment pénible, parce que les fleurs étaient plus rêches que le fond. Le charme que nous trouvons tous à toucher un objet poli a très probablement un caractère esthétique se rattachant à la continuité, dont nous parlerons tout à l'heure; mais il a très probablement aussi le caractère d'une jouissance sensuelle, ce qui est tout autre chose. Il importe de tenir compte de ce facteur et de ne pas admettre, sans examen, que toute sensation de tact correspond à une impression de beauté si elle est agréable, encore moins à une impression de laideur si elle est pénible.

Les aveugles apprécient parfaitement la symétrie

dans les formes. Mettez-leur dans la main un corps régulier, un œuf, par exemple, dont la surface, sans être polie, n'est cependant pas rugueuse : ils vous diront que cette forme-là leur est agréable. Il en est de même de tous les objets symétriques sous leurs trois dimensions, ou de dessins en relief appliqués sur une surface.

A l'Asile de Lausanne, un jeune aveugle de naissance jouait souvent avec des morceaux de bois taillés, avec lesquels il construisait des châteaux ; il respectait toujours la symétrie dans ces petits édifices qui, d'ailleurs, dénotaient habituellement du bon goût. A l'atelier de reliure du même établissement, les ouvriers ont toujours la tendance la plus positive à la symétrie dans les ornements qu'ils adaptent à la couverture des livres.

D'une manière générale on peut dire que la notion de symétrie est complètement accessible par le sens du toucher, sans que la vue ait pu, antérieurement, en faire surgir l'idée, puisque les aveugles de naissance ne font pas exception.

Les répétitions de dessins ou d'ornements produisent le même effet au toucher qu'à la vue. Par exemple Mlle B. m'a clairement dit qu'elle éprouvait du charme à manier le collier qu'elle portait, et qui était composé d'un enchaînement d'anneaux semblables les uns aux autres ; elle prenait plaisir à retrouver périodiquement la même forme sous ses doigts. De même elle aimait un meuble, une sorte de bibliothèque, présentant une série de colonnettes semblables, mais non pas égales. Dans la toilette, la répétition de festons, de boutons, de nœuds, de guipures, produit un effet de même genre. Mlle B., comme M. A., résumaient cette appréciation, ainsi que celle de la symétrie, en disant : « Tout ce qui est régulier plaît. »

A l'Asile de Lausanne on a observé que les brodeuses attachent de l'importance à la parfaite régularité des dessins qu'elles répètent dans leur travail. Les ouvriers vanniers tiennent à ce que les brins d'osier qu'ils emploient aient tous la même dimension et soient tout à fait droits ; ce sentiment est même poussé trop loin, car, pour la moindre irrégularité, ils jettent au rebut des matériaux qui auraient pu servir, et leur travail devient moins lucratif.

La continuité des surfaces et des lignes n'échappe pas non plus aux aveugles.

Les surfaces planes, celles dont la continuité est la plus évidente, leur plaisent très généralement, et, si elles sont homogènes, ils apprécient l'égalité d'impression qu'ils ressentent partout en les touchant. Ils sont de même sensibles à l'identité qu'une étoffe présente dans toutes ses parties.

Comme les personnes douées de la vue, ils éprouvent du charme à retrouver une surface ou une ligne momentanément interrompue par un ornement ; par exemple Mlle B. avait sur sa table une coupe de porcelaine montée sur un pied de bronze doré, dont trois griffes débordaient sur le contour du vase ; en promenant ses doigts sur ce contour, elle reconnaissait très nettement, et avec plaisir, qu'après avoir été arrêtée par une des griffes, elle retrouvait de l'autre côté la continuation de la ligne qu'elle avait d'abord perçue.

Un défaut de continuité produit chez les aveugles une impression de laideur prononcée : un vase fêlé, une table qui n'est pas plane, un meuble mal fait, boiteux, disloqué, leur sont très désagréables.

En résumé, l'on voit qu'en ce qui concerne les caractères matériels de la beauté des formes les impressions du toucher coïncident avec celles de la vue.

Comme caractères de l'ordre intellectuel, on retrouve une similitude analogue.

L'emploi d'attributs ou d'ornements, rappelant la destination d'un objet d'art constitue l'un des moyens les plus en usage pour produire, à la vue, une impression esthétique; or, les aveugles éprouvent, au toucher, un sentiment tout pareil. Ils comprennent la valeur artistique des sculptures appropriées au but du meuble qu'elles décorent, des dessins saillants d'une reliure en rapport avec le sujet du livre, de la statue couchée sur un tombeau et désignant la personnalité du mort.

Dans le fait, il serait difficile qu'il en fût autrement; puisque ces impressions appartiennent à l'ordre psychique et non à l'ordre matériel, il suffit que les caractères sur lesquels elles reposent soient rapidement saisis par l'intelligence, peu importe la nature de la sensation qui les révèle à l'esprit.

On a souvent recours au dessin pour faire comprendre différentes choses aux aveugles; on remplace, dans ce cas, les traits à l'encre ou au crayon par des filets saillants, sensibles au toucher. Ce moyen est surtout employé pour suppléer à l'écriture ordinaire à l'aide des lettres en relief. Mais on y a recours également dans d'autres cas, et particulièrement dans un but didactique; c'est ainsi que l'on fait des cartes de géographie, des figures géométriques à l'usage des aveugles.

Le même procédé peut-il leur procurer des impressions esthétiques? Ce que nous avons dit plus haut ne peut laisser de doute sur cette possibilité en tant qu'il s'agisse de dessins d'ornementation plus ou moins réguliers ou périodiques. Mais la réponse est moins facile s'il s'agit du dessin artistique proprement dit, basé sur l'imitation.

Remarquons d'abord que les impressions esthétiques produites par le dessin chez les voyants (et à fortiori chez les aveugles) touchent à l'ordre intellectuel, même dans les cas les plus simples.

En effet, envisageons une esquisse faite de quelques coups de crayon sur une feuille de papier et représentant un sujet quelconque, un cheval, par exemple. Nous n'éprouvons pas d'illusion, nous reconnaissons de suite que nous ne sommes pas en présence d'un cheval; mais la similitude du trait de l'esquisse avec le contour du modèle suffit pour faire surgir en nous l'idée du cheval. Le seul fait de reconnaître ainsi, intuitivement, dans le dessin l'objet représenté, constitue déjà une impression esthétique, qui est d'autant plus développée que les caractères saillants du modèle sont mieux rendus, et qui, à côté de la sensation physique, implique évidemment une réaction de notre intelligence.

Pour qu'un dessin puisse donner l'idée de l'objet qu'il représente, deux conditions sont nécessaires, aussi bien pour les voyants que pour les aveugles.

Il faut, en premier lieu, que nous ayons clairement la notion de la similitude des formes, c'est-à-dire que nous puissions juger d'un objet par ses dimensions relatives, indépendamment de ses dimensions absolues : que le dessin soit grand ou petit, il faut que nous reconnaissions l'objet. Cette notion de similitude se développe tout naturellement chez les personnes douées de la vue par l'habitude qu'elles prennent de voir un même objet à diverses distances, ce qui entraîne une différence dans la dimension absolue de l'image sur la rétine, sans modification sensible des proportions relatives. Pour les aveugles, l'éducation est plus complexe et plus difficile, parce qu'au toucher un objet se présente toujours avec sa grandeur absolue; ce n'est que par la comparaison d'objets différents, mais semblables de forme, que les aveugles arrivent à la notion de similitude, qui se développe peu à peu chez eux; elle commence par les formes simples ou se représentant assez souvent pour devenir familières, puis elle s'étend à des formes quelconques. On m'a cité, à l'Asile de Lausanne, le cas d'un élève qui était parvenu, à sa grande joie, à reconnaître l'Europe dans une petite carte géographique, tandis que, précédemment, il n'avait eu entre les mains que des cartes de grand format.

En second lieu, il faut qu'en voyant ou touchant un dessin plan nous ayons la faculté de nous imaginer, dans ses trois dimensions, l'objet représenté. En d'autres termes, il faut que la projection d'un objet sur un plan nous permette de reconstruire mentalement la forme réelle. Or l'œil est très habitué à remplir cette fonction; ou, pour mieux dire, c'est de cette aptitude spéciale, dépendant de causes physiologiques bien connues, qu'a dû naître l'emploi du dessin pour la représentation des objets. Chez les aveugles, la difficulté est beaucoup plus grande; ils ont forcément beaucoup de peine à comprendre tout ce qui tient à la perspective, au raccourci. Ils y parviennent cependant dans une certaine mesure, même si on les laisse entièrement à eux-mêmes. Ainsi, on a observé à l'Asile de Lausanne le cas d'une jeune aveugle de la campagne, accoutumée aux chevaux, et qui, à la longue, est arrivée sans secours à reconnaître un cheval dans un dessin en relief que l'on avait mis entre ses mains.

Évidemment, des explications combinées avec des exercices manuels appropriés doivent faciliter beaucoup cette éducation spéciale et développer la faculté de se représenter un objet en palpant un dessin en relief.

Une fois ces aptitudes acquises, les impressions esthétiques peuvent se produire dans certaines limites. Mlle B., à qui je parlais de ce sujet, me disait que le dessin d'un oiseau faisait bien naître en elle l'idée de l'oiseau lui-même, de sa forme, de son vol, de son gazouillement.

Mais elle ajoutait que ces impressions se produisaient mieux pour elle lorsqu'elle avait entre les mains un oiseau empaillé. Ainsi lorsque l'effort de reconstitution de l'objet d'après le dessin se trouvait supprimé, le rôle de l'imagination qui donne en quelque sorte la vie à un corps inanimé devenait plus facile. Mais si naturel que soit ce fait, il ne montre pas moins que, pour une cause ou pour l'autre, l'impression esthétique du dessin était imparfaite.

Dans le même ordre d'idées, on peut prévoir qu'on réussira mieux à l'aide de bas-reliefs ou de statues qu'avec des dessins saillants.

Il résulte de ce qui précède que les arts décoratifs et même le dessin et la sculpture sont accessibles dans une certaine mesure par le sens du toucher. L'appréciation de la beauté humaine, qui repose sur des caractères très complexes, est plus rare chez les aveugles, par la raison toute simple qu'ils ne peuvent guère tâter de leurs mains les personnes en présence desquelles ils se trouvent. Ils manquent donc d'éducation et d'exercice à cet égard. Ceux que j'ai interrogés ont reconnu n'avoir sur ce sujet que des idées vagues et très incomplètes. Ce qui leur plaît ou leur déplaît le plus chez les personnes qu'ils rencontrent c'est la voix, la douceur ou la rudesse de peau de la main qu'on leur tend, et quelquefois la toilette.

Mlle B. a le tact assez développé pour arriver à reconnaître sur des bustes ou des statues la figure de certains personnages. Je lui ai demandé à ce propos si elle pouvait se faire une idée de la beauté des figures humaines : elle m'a répondu très franchement que non ; que peut-être elle trouvait quelque chose dans le front, mais qu'elle ne se rendait pas bien compte de ce que l'on appelle une belle figure. Cette réponse, à laquelle il était d'ailleurs facile de s'attendre, m'a montré la sincérité scientifique des autres observations : il est clair que si les premières réponses avaient été dictées par des notions acquises dans la conversation ou la lecture, à plus forte raison la beauté humaine, dont il est bien plus souvent question que de la symétrie ou de la continuité, aurait dû entrer dans les conceptions de mon interlocutrice.

Cependant on a chez un aveugle sourd-muet de l'Asile de Lausanne, nommé Meystre, un exemple très concluant d'appréciation de la beauté humaine. Cet homme, si dépourvu des moyens de relation avec le monde extérieur, est doué d'une vive intelligence et d'un sentiment artistique très développé. On est parvenu à lui apprendre à parler, non pas très distinctement, mais suffisamment pour qu'il soit compris des personnes accoutumées à son langage. On lui accorde à l'Asile la privauté de palper les personnes avec lesquelles il se trouve. Il a pu ainsi acquérir par l'expérience une notion très nette de la beauté humaine. J'en citerai quelques exemples frappants et curieux.

Meystre, à plusieurs reprises, a témoigné l'impression pénible que lui cause un homme difforme ou mutilé, impression qui se traduit chez lui tantôt par des signes de pitié et de sympathie, tantôt par une hilarité qui exprime ce qu'il trouve de choquant dans un défaut de symétrie. Dans un cas, une personne qu'il connaissait d'ancienne date vint le visiter après qu'elle avait subi l'amputation d'un bras. En découvrant cette mutilation, Meystre témoigna d'abord, par son expression d'un vif chagrin, d'une grande commisération; puis il se mit à rire violemment en faisant comprendre par ses gestes que le manque de symétrie le frappait singulièrement. Ce mode bizarre de manifester une impression de laideur accuse certainement un sentiment spontané qui ne peut résulter que d'une sensation de tact.

Un autre cas, beaucoup plus concluant, est le suivant. Trois professeurs visitèrent un jour l'Asile de Lausanne; l'un d'eux, un Suédois, était d'une grande beauté, remarquable par la forme de sa tête : le second, un Suisse, mort depuis lors, était au contraire fort laid, son crâne, très surélevé, manquait de développement en arrière; le troisième n'était ni beau ni laid. Autorisé à palper ces trois visiteurs, Meystre a immédiatement manifesté beaucoup d'admiration pour le Suédois; puis, passant au Suisse, il a été pris d'une grande hilarité, faisant comprendre par un geste de la main que le crâne était coupé tout droit à la partie postérieure, il ne témoigna que de l'indifférence pour son troisième visiteur, et revint au Suédois en laissant voir combien il lui plaisait. Cette identité du jugement de Meystre avec celui qu'aurait porté toute personne douée de la vue est certainement très remarquable.

Je demande la permission de citer encore un ou deux traits relatifs à ce même aveugle; bien qu'ils ne se rapportent pas à la beauté humaine, ils ont leur intérêt au point de vue qui nous occupe.

Les nouveaux venus à l'Asile de Lausanne sont habituellement conduits auprès de Meystre pour qu'il fasse connaissance avec eux. Habituellement en leur parlant il les tutoie. Un jour, cependant, il se mit à dire « vous » à un jeune homme qui lui était ainsi présenté; et comme on lui en demandait la raison, il répondit que c'était parce qu'il portait des habits fins.

Meystre a appris le métier de tourneur et même de sculpteur; il y a acquis une grande habileté. Il a fabriqué divers objets dont il cherchait parfois spontanément le modèle dans la nature. Ainsi il a travaillé au tour des sortes de boîtes ayant la forme d'une poire admirablement imitée. D'autres tourneurs de l'atelier ont fait des boîtes du même genre; mais Meystre distingue parfaitement au toucher les poires qu'il a faites lui-même et celles qui sont l'œuvre d'un autre; il laisse voir que les siennes lui paraissent bien mieux exécutées; il a donc son amour-propre d'artiste.

Je crois pouvoir conclure de cette étude que le sens du toucher, suffisamment développé, peut faire naître des impressions esthétiques relatives à la forme des objets, et cela dans les mêmes conditions que la vue. Les aveugles peuvent apprécier par le tact la symétrie, la répétition, la continuité et être par conséquent impressionnés par la forme dans les arts décoratifs. Il est clair cependant qu'ils ne peuvent juger que des objets dont les dimensions leur sont accessibles.

CHAPITRE V

Pour terminer la première partie de ce travail, consacrée à l'étude des impressions esthétiques de l'ordre physique, nous présenterons quelques observations générales sur deux points.

Nous avons considéré comme rentrant dans l'ordre matériel, par opposition à l'ordre intellectuel, les impressions esthétiques dont nous avons parlé jusqu'ici; toutefois nous avons fait remarquer qu'il n'est pas toujours facile de classer une impression dans l'un de ces ordres à l'exclusion de l'autre; il y a souvent empiètement de l'un sur l'autre. Il ne sera pas sans intérêt de reprendre cette question maintenant que nous nous sommes familiarisés avec le sujet.

Nous avons dit que, pour qu'il y ait impression esthétique, il faut en premier lieu qu'il existe, entre les diverses parties d'un tout, une relation, un rapport, ce que, faute d'un meilleur terme, nous appelons une loi, en élargissant le sens ordinaire de ce mot.

Cette loi peut être de l'ordre physique et matériel ou de l'ordre intellectuel et moral ; je puis être en face d'un objet dont la forme matérielle est soumise à une loi géométrique simple ou complexe ; je puis être en face d'une scène de la vie humaine, où règnent les lois de la conscience, de la religion, du bien ou du mal. Les deux ordres peuvent se mélanger ; mais la distinction est claire pour l'esprit.

En second lieu, il faut que nous ayons par intuition une perception de l'existence de ces rapports ou de ces lois. Or le mode par lequel s'effectue cette perception peut être lui-même de l'ordre physique ou de l'ordre intellectuel ; il peut consister en de pures sensations physiques, ou exiger une intervention de l'intelligence. Les sensations physiques sont toujours nécessaires, même pour la perception d'une loi de l'ordre moral et intellectuel ; l'intelligence intervient presque toujours à divers degrés pour la perception du beau de l'ordre matériel, et toujours pour la perception du beau de l'ordre intellectuel.

Examinons de plus près la part qu'il faut faire aux sens et à l'intelligence dans la perception du beau de l'ordre matériel, le seul que nous ayons étudié jusqu'ici. Nous remarquons que, parmi les catégories d'impressions esthétiques que nous avons passées en revue, les unes ont un caractère principalement subjectif, les autres un caractère principalement objectif. Deux exemples pris parmi les plus importants nous permettront d'expliquer ce que nous entendons par là.

Les sensations esthétiques musicales (en faisant, comme précédemment, complètement abstraction des impressions intellectuelles qu'elles peuvent engendrer) ont un caractère subjectif prédominant; en effet, ce sont surtout les sensations que les sons produisent dans notre oreille que nous comparons les unes aux autres, et entre lesquelles nous reconnaissons des relations particulières, mélodiques ou harmoniques. Nous nous préoccupons relativement très peu des corps sonores qui en sont l'origine; en entendant un orchestre, il ne nous importe guère que les instruments aient telle ou telle forme, qu'ils soient en bois ou en métal, que ce soient des cordes, une anche, ou tout autre appareil d'où part le mouvement vibratoire, ce qui nous frappe c'est l'impression provoquée. Lorsqu'il s'agit de la musique, l'oreille ne nous sert guère de *sens,* dans l'acception psychologique de ce mot, c'est-à-dire de moyen de nous faire connaître le monde extérieur, et, en entendant, l'immense majorité des auditeurs n'en concluent pas qu'ils sont en présence d'instruments vibrants suivant certaines lois déterminées; ils reçoivent seulement des sensations entre lesquelles ils reconnaissent intuitivement et instantanément des relations particulières[1].

---

[1] Il est évident que l'habitude tend à développer une notion plus ou moins complète de la nature des instruments qui produisent les sons ; le musicien ou le simple dilettante reconnaît et distingue parfaitement les sons des divers instruments, même dans une exécution d'orchestre, mais ce n'est pas là une condition nécessaire ; et bien plus, c'est à l'aide du sens de la vue que se forme cette faculté. Les aveugles sont très sensibles à la musique ; supposez un aveugle, auquel on n'aurait jamais fait tou-

Si nous prenons maintenant, comme second exemple, les notions de forme perçues par le sens de la vue, il en est tout autrement; les rapports, les relations qui nous frappent, nous les rapportons complètement aux objets eux-mêmes, et non pas aux sensations qu'éprouve notre œil. Sans doute, comme nous l'avons dit, s'il s'agit d'un dessin dans un plan, au premier pas que fait l'homme dans son éducation de la vue, la première notion est bien l'égalité de deux sensations, symétrie ou répétition de dessin; mais très vite l'œil s'accoutume à voir l'objet, et non pas l'image de l'objet qui se forme sur sa rétine, de sorte que lors même que le dessin n'est plus exactement en face de l'observateur, c'est-à-dire lorsque les impressions rétiniennes cessent d'être symétriques ou égales, il n'en conclut pas moins à l'existence de la symétrie objective. Ceci est encore plus évident s'il s'agit de la forme dans les trois dimensions; c'est beaucoup en s'aidant du tact que l'œil, ou plus exactement les deux yeux, prennent la faculté de reconnaître la forme des objets : il est très rare que les images rétiniennes soient symétriques; ce n'est que par une habitude acquise par l'intelligence que l'œil reconnaît ainsi les formes; et quand ces formes présentent entre elles des rapports, il peut en résulter une jouissance esthétique. Ainsi, dans cette perception du beau dans la forme, il y a une part impor-

cher un violon ou un hautbois, auquel on n'aurait jamais dit que tel son vient d'un violon, tel autre vient d'un hautbois, il n'arriverait jamais à se faire une idée des instruments; mais il n'en jouirait pas moins des sensations qu'il éprouve.

tante de l'habitude, de la mémoire, de l'intelligence, et l'on ne peut dire qu'il s'agit d'une impression purement physique. Seulement l'exercice a tellement développé chez nous la faculté de conclure de nos sensations visuelles à la forme des objets, que ce rôle de l'intelligence est devenu inconscient, instinctif; et comme, d'autre part, le résultat est de nous faire connaître une chose éminemment matérielle et physique, la forme, nous avons dû classer cette impression comme d'ordre physique.

En dehors de la musique, les sensations de l'oreille deviennent beaucoup plus objectives. Les sons que nous entendons quand nous écoutons parler se traduisent immédiatement en idées; nous entendons rouler une voiture, aboyer un chien, c'est la notion de la voiture ou du chien qui nous frappe plutôt que celle du bruit perçu.

Pour d'autres sensations les impressions subjectives et objectives sont souvent mélangées.

Celles de couleur sont mixtes; dans certains cas, rares il est vrai, c'est l'impression de l'œil qui prédomine, par exemple lorsqu'une lumière colorée éclaire l'ensemble d'une scène: mais le plus souvent nous rapportons la couleur à l'objet d'où émane la lumière; c'est pour nous l'étoffe qui est rougé ou bleue, et non pas la sensation.

Celles du goût sont principalement subjectives, mais, comme nous l'avons dit, inaptes à produire l'impression esthétique. Celles de l'odorat sont mixtes, nous associons beaucoup plus souvent l'idée du corps odorant à son odeur que le goût d'un aliment à la nature même de cet aliment.

Pour le tact, l'impression est presque uniquement objective, en touchant un objet c'est presque toujours l'objet lui-même que nous sentons, surtout s'il est solide. S'il est liquide ou gazeux c'est plutôt la sensation qui nous frappe, mais alors le rôle du tact est beaucoup moins défini et complet.

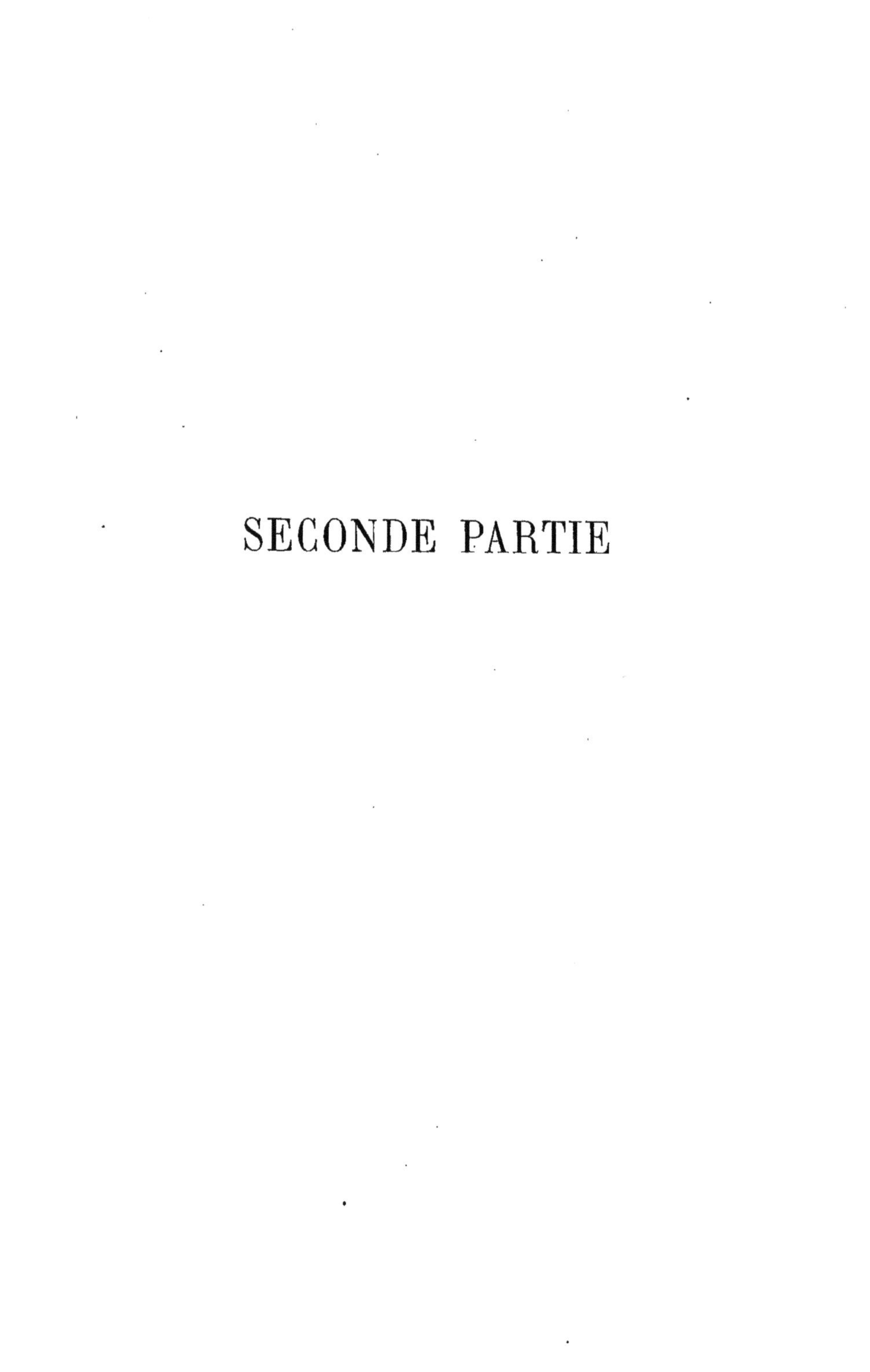

SECONDE PARTIE

CHAPITRE PREMIER

Dans la première partie de ce travail, nous nous sommes presque exclusivement occupés des sensations purement physiques, et nous avons montré que, lorsqu'elles ont pour nous un caractère esthétique, c'est grâce à ce que nous avons appelé des impressions réitérées, qui, intuitivement, donnent à notre esprit le sentiment d'une analogie, d'une loi, d'un rapport entre les choses.

Nous devons maintenant aborder le domaine plus vaste et plus élevé dans lequel l'élément intellectuel de notre organisation joue le rôle, non point unique, mais prépondérant.

Le beau dans la nature nous servira, pour ainsi dire, de transition; car les deux ordres d'impressions interviennent tour à tour dans la manière dont il se manifeste. La nature, éminemment matérielle par elle-même, se présente à nous toute faite; l'art et le génie de l'homme n'entrent en jeu que pour une faible part dans sa beauté. Elle se révèle à nous par l'intermédiaire de nos sens, et ce n'est que par une sorte de réaction de notre intelligence que sa beauté revêt un caractère supérieur à la matière.

Nous commencerons l'étude de cette branche de l'esthétique par l'examen des impressions que font naître en nous les objets ou êtres naturels pris individuellement : nous parlerons d'abord du règne animal, en nous attachant surtout à l'homme, qui en forme le type supérieur; puis nous nous occuperons du règne végétal; quant aux minéraux considérés comme individus, nous pourrons les laisser de côté, car leurs caractères esthétiques, beaucoup plus limités, rentrent presque entièrement dans les sujets que nous avons déjà passés en revue. Nous passerons ensuite aux groupements des individus et aux tableaux d'ensemble qu'ils peuvent former par leur réunion.

1. Le règne animal.

La symétrie mobile et la géométrie de position.

Le corps des animaux présente, à peu d'exceptions près, une symétrie, souvent binaire, qui constitue un caractère esthétique incontestable. Seulement chez l'animal, et chez l'homme en particulier, la symétrie absolue est à chaque instant rompue par la mobilité des membres, par les déplacements relatifs des parties du corps.

Est-ce là une cause d'infériorité esthétique comparativement à la symétrie régulière et fixe? Bien au contraire. Notre œil, par suite d'une habitude guidée

par notre intelligence, est admirablement propre à
nous faire reconnaître l'existence réelle de cette symétrie, malgré les changements de position relative.

Nous distinguons sans peine que le corps de
l'homme, quelle qu'en soit la pose ou quels qu'en
soient les mouvements, est composé de deux moitiés
pareilles : à chaque membre, à chaque organe faisant
partie de l'une de ces moitiés correspond dans l'autre moitié un membre, un organe de même dimension, de même apparence. Par suite, la mobilité, loin
de gêner la perception de la symétrie, apporte dans
l'impression un élément d'imprévu, de variété et de
richesse tout à fait favorable à l'effet esthétique[1].

Cette symétrie mobile constitue un caractère très
spécial et très important de la beauté dans le règne
animal. Il convient donc de l'étudier de plus près.
Elle se relie par quelques points à la géométrie de
position, science mathématique encore peu connue,
qui traite des relations de position des lignes, des
surfaces et des solides, indépendamment de leurs
dimensions absolues. Il ne sera pas inutile de faire
comprendre par quelques exemples en quoi consistent ces notions qui ne peuvent être familières à tous
nos lecteurs et qui nous seront utiles par la suite.

Premier exemple. Nous avons trois lignes CA, CB
et CD qui se coupent en un même point C (fig. 29).
La ligne CB est entre la ligne CA et la ligne CD :
voilà une relation de position parfaitement claire

---

[1] Nous avons déjà signalé quelques exemples des effets de cette symétrie mobile ou virtuelle. Voyez en particulier : Première partie, page 29.

pour notre esprit, parfaitement évidente pour nos yeux, sans que la grandeur des angles soit précisée, sans même que la nature des lignes soit déterminée, car ces lignes peuvent être droites ou courbes, longues ou courtes, la relation de position reste la même, pourvu que ces lignes ne se coupent qu'une fois et se rencontrent toutes trois au même point.

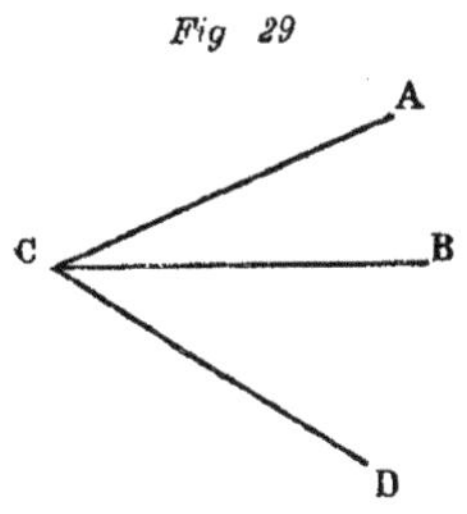

Deuxième exemple. Prenons un corps allongé et replions-le de manière à faire un nœud. Quel que soit ce corps, que ce soit un fil, un ruban, un câble ou une barre de fer, la forme du nœud représente pour nous quelque chose de précis qui le distingue de tout autre nœud. Ce nœud peut être lâche ou serré, peu importe; il n'en conserve pas moins son caractère. Il y a là une relation de position qui pourra se définir par le fait que l'axe de ce corps allongé se replie sur lui-même suivant certaines règles.

Troisième exemple. Nous prenons une surface plane, telle qu'un drap étendu. Nous la plissons : pour notre esprit c'est toujours la même surface et notre œil saura de suite nous la faire reconnaître (tout au moins si le plissement n'est pas trop compliqué). Mathématiquement, cette surface, comme qu'elle soit plissée, est toujours susceptible de s'étaler sur un plan.

Quatrième exemple. Considérons un corps solide qui repose par trois points sur le sol : nous pouvons donner à ce corps une forme quelconque, nous pourrons toujours le désigner sous le nom d'un trépied, terme qui exprime une relation de position commune indépendante des dimensions et de la forme générale.

Ces exemples suffiront, je pense, à faire comprendre ce que c'est que la géométrie de position.

Maintenant une partie des dimensions de l'étendue peuvent rester indéterminées, tandis que d'autres sont déterminées. Ainsi, dans notre premier exemple, nous pouvons prendre des lignes droites, d'une certaine longueur fixe, et laisser seulement indéterminée la valeur des angles qu'elles forment entre elles : nous serons en présence d'une relation mixte, partie de dimension, partie de position, qui demeure très claire pour l'esprit aussi bien que pour l'œil (fig. 30).

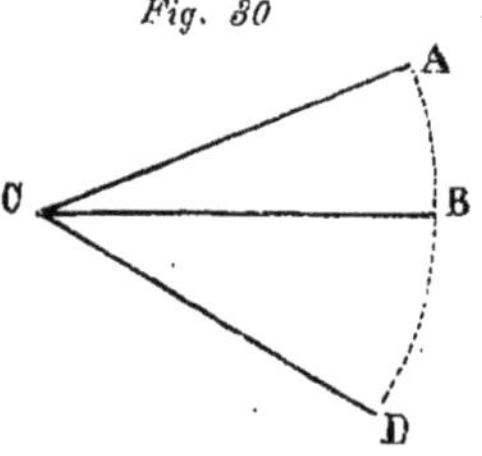

Dans le troisième exemple, nous pouvons supposer que sur le drap sont tracés des dessins réguliers de forme et de grandeur déterminée, tout en laissant à l'étoffe sa souplesse : la relation mixte reste encore très claire dans la plupart des cas; un objet, quoique déformé, est habituellement reconnaissable.

Ces relations de position que l'œil saisit facilement, quoique d'une manière moins immédiate que celles d'égalité ou de symétrie absolue, jouent un rôle important dans la nature. Pour ce qui concerne les animaux, la relation est mixte : les dimensions de longueur et de volume sont fixes, mais non pas les positions angulaires; ou, si l'on veut, le corps entier peut être considéré comme formé de deux moitiés identiques, susceptibles d'être déformées, mais en conservant fixes les attaches et la longueur des parties. Quelle que soit la position, l'impression de similitude subsiste pour notre esprit, et l'effet esthétique gagne par l'imprévu et la variété.

Mais dès que la symétrie virtuelle fait défaut, dès qu'une difformité altère les proportions du corps, l'œil en est frappé, et il en résulte une impression de laideur.

Les mouvements.

Une seconde cause esthétique qui se relie à la précédente réside dans les impressions réitérées que produisent les mouvements successifs. Cette cause agit à divers degrés :

a) L'homme et les animaux prennent souvent certaines positions typiques, celles du repos généralement, auxquelles ils reviennent après avoir bougé; telles sont l'expression que reprend le visage d'une personne qui vient de parler, la situation des bras et des mains succédant aux mouvements et aux gestes, les poses d'arrêt d'un animal, celles du sommeil, et bien d'autres. Ce sont là autant d'impressions qui se répètent au bout d'un laps de temps indéterminé, souvent fort long, mais dont l'observateur n'a pas perdu la mémoire.

b) Les mouvements peuvent être rythmés, c'est-à-dire se succéder à des intervalles de temps réguliers : la marche de l'homme, les allures du cheval nous fournissent des exemples de ces mouvements périodiques. L'impression esthétique qu'ils produisent est très marquée, bien que le défaut de variété en atténue parfois l'effet. Souvent le rythme de ces mouvements est accentué par des sons concomitants, comme dans le galop du cheval, etc.

c) Les mouvements peuvent être gracieux par eux-mêmes, ce qui revient à dire qu'ils sont continus, car le terme de *grâce* ne signifie guère autre chose dans ce cas. Les mouvements qui plaisent à l'œil sont caractérisés par ce que chaque point du corps mobile suit une courbe continue, excluant les déplacements anguleux et tout ce qui trahit visiblement un effort[1].

La continuité des formes et des couleurs;
les dessins répétés.

Les formes du corps de l'homme sont généralement arrondies et continues; la peau qui en forme le tégument présente une grande homogénéité de consistance et de couleur; la similitude de complexion des muscles ressort à la vue et au toucher. Cette continuité n'est interrompue que dans divers organes qui, au point de vue esthétique, peuvent être

---

[1] Nous reviendrons sur ces questions relatives au mouvement et au parti que l'art a pu en tirer dans un autre paragraphe.

considérés comme des ornements rompant momentanément les lignes et les surfaces, pour les faire
retrouver ensuite avec plus de charme. Tel est l'effet
que produit la chevelure en voilant la monotonie de
la surface presque sphérique du crâne, les sourcils
et les yeux en coupant l'ovale du visage, les lèvres et
les dents en encadrant et décorant l'ouverture de la
bouche, les ongles en délimitant les extrémités des
membres.

Chez les animaux, comme chez l'homme, nous
retrouvons habituellement les mêmes caractères de
continuité des formes et d'homogénéité des téguments. L'égalité du pelage des mammifères, du plumage des oiseaux sont des éléments de beauté auxquels viennent se joindre des couleurs variées
souvent d'une grande vivacité.

Les défauts accidentels de continuité ou d'homogénéité de couleur produisent, surtout chez l'homme,
une impression de laideur : une blessure, une ex-
croissance, une rougeur sont toujours pénibles à
voir.

Les répétitions de formes ou de dessins analogues,
qui, chez l'homme, se réduisent aux doigts et aux
dents, prennent une grande importance esthétique
chez certains animaux. Il est à peine besoin de citer
les taches de la panthère, les raies du tigre et du
zèbre, les dessins variés des plumes de l'oiseau, des
ailes du papillon et d'un grand nombre d'organes
chez les animaux inférieurs. En tout cela nous
retrouvons des caractères qui nous sont déjà connus
et sur lesquels il serait superflu d'insister.

Les types.

Les éléments esthétiques que nous venons d'énumérer, et qui rentrent dans l'ordre physique, ne suffisent pas à rendre compte de la beauté de l'homme, ni même des animaux. Il en existe d'autres qui appartiennent à l'ordre intellectuel.

En premier lieu, nous sommes enclins à une conception spéciale de ce que doit être la beauté animale et particulièrement la beauté humaine ; nous nous formons en imagination des types de cette beauté : types de beauté masculine et féminine ; types de l'enfant, de l'adulte, du vieillard ; type de variété brune ou blonde. Lorsque nous trouvons la réalisation, tout au moins approximative, de l'un de ces types, nous éprouvons une jouissance esthétique ; nous reconnaissons un ensemble de relations de forme répondant à l'idéal fixé dans notre mémoire, nous nous trouvons en face d'une sensation déjà connue, déjà appréciée. Il y a donc là une impression réitérée perceptible par nos sens, très analogue à quelques-unes de celles que nous avons signalées dans l'ordre physique [1], mais qui, au lieu de nous révéler une loi objective et matérielle, nous rappelle une relation née dans notre esprit.

Cherchons comment nous arrivons à la conception de ces types.

1° En ce qui concerne la beauté humaine, un pré-

---

[1] Voyez par exemple : Première partie, page 20.

mier facteur se trouve dans l'habitude et l'éducation. Entouré de ses semblables, élevé par ses parents ou ses proches, qu'il est enclin à aimer, l'enfant s'accoutume à leurs traits et il apprend à connaître sa race mieux que toute autre. Une partie des individus au milieu desquels il vit sont doués des éléments physiques de beauté qui ont été énumérés plus haut et qui exercent sur lui une action inconsciente : il arrive ainsi à se former un idéal réunissant ces caractères esthétiques matériels et les caractères spécifiques de sa race. L'homme de race blanche est porté à considérer les types blancs comme plus beaux que tous les autres; il est probable que cela est vrai en soi, mais il est probable aussi que les nègres et les indiens trouvent plus de beauté que nous n'en voyons nous-mêmes dans leurs propres races.

2o L'art réagit sur nous comme un second facteur pour la formation de ces types : nous nous assimilons les types adoptés par les peintres, les sculpteurs, les poètes; la tradition moule, pour ainsi dire, dans notre mémoire des formes que nous nous plaisons plus tard à retrouver.

A un moindre degré, les mêmes faits se représentent en ce qui concerne les animaux, surtout les animaux qui nous sont très connus : à côté des caractères physiques de beauté d'une espèce, l'habitude et les arts du dessin ont donné naissance à des types, parfois conventionnels peut-être, mais faisant foi pour nous.

Il convient aussi de mentionner l'existence de

types, moins précis, se rapportant non plus seulement à une espèce ou à une race déterminés, mais à des genres, à des ordres et des classes d'animaux présentant des caractères communs et visibles. L'observation nous apprend à reconnaître, par exemple, les formes de la charpente osseuse qui, conformément à la loi d'unité de composition organique, établissent une similitude si marquée entre les animaux supérieurs de la même classe ou du même ordre.

Cette analogie est généralement basée sur des relations qui sont du domaine de la géométrie de position. Les membres et les divers organes n'ont pas les mêmes dimensions ni la même forme exacte, mais ils sont disposés de la même manière; ainsi, chez les quadrupèdes, nous n'hésitons pas à reconnaître une tête, des yeux, des oreilles, un nez, une bouche, un cou, un corps, quatre pattes, etc.

Un animal, même d'espèce à nous inconnue, chez lequel nous retrouvons ce type, a par cela même plus de chances de nous plaire. D'autres caractères, de moindre valeur scientifique peut-être, exercent toutefois une grande influence sur nos impressions. Par exemple nous savons que très généralement les quadrupèdes sont revêtus d'un pelage continu, à poils serrés. Cette observation prend la valeur d'une loi pour notre esprit, et quand elle n'est pas satisfaite nous éprouvons l'impression de laideur. C'est ainsi que les téguments de certains pachydermes, comme l'éléphant, le rhinocéros, l'hippopotame, et même le pourceau, dont le poil est clairsemé, nous sont désagréables à voir, parce qu'ils manquent de ce pelage continu. Un animal qui devrait être uniformément velu nous déplaît si son poil est accidentellement tombé. « Ce pelé, ce galeux d'où venait tout le mal. » De même nous savons que les oiseaux sont habituellement recouverts de plumes : ainsi le vautour, avec son cou dénudé, nous inspire un sentiment de répugnance marqué, parce qu'il s'écarte de la règle.

Appropriation au but.

Un caractère esthétique, de l'ordre intellectuel, qui entre en jeu dans la beauté animale, comme dans plusieurs autres cas, réside dans l'accord entre l'apparence d'un objet et le but auquel il répond [1].

Suivant les qualités dont notre imagination revêt les individus, le type que nous nous en formons varie et se modifie. L'observation nous a appris que la force corporelle est généralement accompagnée de la grandeur de la taille, de la grosseur des membres, du développement des muscles. Donc, chez un homme voué aux exercices du corps, chez un ouvrier, un soldat, un athlète, nous considérons comme un élément de beauté ces conditions qui sont pour nous des signes de vigueur. Ces mêmes caractères nous déplairaient chez la femme, dont l'apanage est la grâce, l'adresse, et non pas la force.

[1] Nous aurions peut-être pu réunir ce paragraphe au précédent, car le caractère d'appropriation au but, contribue puissamment à la formation des types dans notre esprit. Mais comme c'est là un facteur esthétique qui n'est point spécial au beau dans la nature, et qui intervient fréquemment dans les arts, il nous a paru préférable d'en traiter séparément.

De même encore nous admirons la légèreté d'encolure, la finesse des jambes d'un cheval de course, dont la vitesse est la qualité principale; tandis que des formes massives nous plaisent chez un fort cheval de bataille ou de trait. Ni la finesse, ni la grosseur ne sont par elles-mêmes des éléments de beauté; c'est seulement parce que l'observation nous a appris à quelles qualités elles correspondent que nous aimons à retrouver tantôt l'une, tantôt l'autre, suivant la destination de l'individu s'offrant à nos regards.

La grâce, cette qualité dont le nom revient si souvent lorsqu'il est question de la beauté humaine, peut être considérée sous deux points de vue : la grâce lorsque le corps est immobile, et la grâce dans les périodes de mouvement.

Dans les deux cas elle dépend à la fois du principe de continuité et de la règle de l'appropriation au but.

Lorsque le corps est immobile, la grâce des poses est la grâce des formes, qui, comme nous l'avons vu, correspond principalement à la continuité; or, un homme ou un animal doué de beauté, tout au moins d'une beauté moyenne, présente des formes continues. Mais ce facteur n'est pas suffisant chez les êtres animés : une seconde condition est encore nécessaire. S'il s'agit d'une pose de repos proprement dit, la règle de l'appropriation au but exclut l'idée d'effort ou de tension musculaire; d'où résulte que les poses doivent être aisées et naturelles. L'observation sur nous-mêmes ou sur d'autres êtres animés nous apprend quelles sont les positions réalisant ces conditions et entrant comme élément dans la conception que nous nous faisons des types du repos. Pour être gracieuses, les poses du sommeil, c'est-à-dire du repos le plus complet des êtres vivants, ne devront trahir aucun effort. Il est désagréable de voir une personne endormie dans quelque position pénible et inconfortable, la tête ballante ou allant chercher un mauvais appui. Le repos en dehors du sommeil peut être accompagné d'un effort modéré, tel que celui qui est nécessaire pour maintenir le corps debout ou assis, ou pour soulever la tête, le corps étant couché. S'il s'agit d'un repos momentané, ou plutôt d'un arrêt précédant ou suivant une action, l'apparence d'un effort devient naturelle et n'exclut point la grâce : le coureur sur le point de partir à un signal donné, le combattant prêt à frapper qui tient son arme levée, l'animal à l'affût qui va bondir sur sa proie, peuvent, dans leurs poses, accuser à la fois de la grâce et une forte tension musculaire.

La grâce dans l'action s'explique d'une manière analogue. Elle dépend d'abord de la continuité des mouvements qui se ramène à la continuité des courbes que suit chaque point du corps mobile, et à la variation par degrés insensibles de la vitesse. Si ces courbes sont heurtées, irrégulières, si, graphiquement tracées sur un plan, elles n'ont elles-mêmes aucune grâce et ne correspondent à aucune loi apparente, le mouvement correspondant sera disgracieux. Divers physiologistes, en particulier M. Marey, ont fait une étude approfondie de ces courbes caractéris-

tiques de certains mouvements, tels que la marche,
la course, les allures du cheval[1]; dans les tracés gra-
phiques qui ont été obtenus par divers procédés in-
génieux, on trouve habituellement une continuité de
lignes et une périodicité qui justifient ce que nous
venons de dire.

La règle de l'appropriation au but s'applique encore à la grâce dans les mouvements. Pour plaire,
les mouvements ne doivent pas être exagérés, mais
répondre le plus franchement possible au résultat
que l'on se propose d'attendre. Un même mouvement peut être gracieux dans un cas et disgracieux
dans un autre : l'effort du forgeron qui manie un
lourd marteau ne manque pas de charme, parce
qu'il est nécessaire; il serait disgracieux chez un
homme qui ne soulèverait qu'un corps léger. Dans
certains cas le but du mouvement est le mouvement
même : un enfant saute pour s'amuser et ses gam-
bades un peu désordonnées, qui seraient ridicules
chez un adulte, ne manquent pas de grâce, parce
qu'elles sont appropriées au but. Il en est de même
des mouvements hésitants d'un chien qui quête, ou
d'un enfant en bas âge qui s'essaye à saisir un objet
et ne sait pas encore bien comment s'y prendre : le
but dans ces cas est une recherche, qui se traduit par
des mouvements irrésolus.

La vie.

La vie, nous l'avons déjà dit en passant, constitue
un des éléments essentiels de la beauté de l'homme

---

[1] Voyez J. Marey, *La Machine animale.*

et des animaux. Un être vivant, en effet, est un tout dont les différentes parties sont intimement reliées entre elles par une organisation commune et par un ensemble de lois, mystérieuses encore, mais dont la réalité ne saurait être mise en doute. Parmi ces lois, les unes sont les mêmes que celles qui régissent sans exception la matière inanimée; les autres sont spéciales aux êtres vivants, qui, sous leur empire, se développent, croissent, se nourrissent, se reproduisent. Les animaux se distinguent de plus par la mobilité et la sensibilité : dans leurs degrés supérieurs, tout au moins, chacun d'eux forme à lui seul un tout complet, un individu doué d'un centre qui, par l'intermédiaire du système nerveux, commande à tout l'ensemble, reçoit les sensations, préside aux mouvements, possède une volonté.

Quelque opinion que l'on puisse se faire sur la nature de ces lois, on ne peut en méconnaître l'existence; devant ce grand phénomène, devant cette organisation étonnante, l'ignorant, le savant, l'artiste, s'inclinent avec admiration.

Il est donc naturel que les êtres animés puissent produire sur nous une impression esthétique, il suffit pour cela que nous ayons une perception intuitive des caractères qui leur sont propres.

C'est encore à l'observation que nous devons cette révélation; à l'observation générale d'abord, qui nous apprend dès l'enfance à reconnaître les manifestations de la vie animale, mais surtout à la comparaison avec notre propre corps, notre propre vie, nos sensations, nos mouvements. L'enfant arrive très vite, et bien avant de pouvoir y être conduit par le raisonnement, à reconnaître qu'un autre enfant est à peu près identique à ce qu'il est lui-même, qu'une personne plus âgée lui ressemble par de nombreux traits, qu'un animal présente aussi une analogie, plus éloignée, mais encore évidente. Il acquiert ainsi, inconsciemment, la notion que certains caractères extérieurs correspondent à certaines facultés qu'il possède lui-même. La nature des mouvements qu'il remarque chez un animal et surtout chez un être humain est semblable à celle de ses propres mouvements; il sait que ses mouvements dépendent de sa volonté, il conclut intuitivement qu'il y a une volonté chez les êtres qui lui ressemblent; il sait que certains faits lui procurent une sensation déterminée, qu'il mange, qu'il entend, qu'il voit, qu'il souffre; il admet que les mêmes faits doivent produire les mêmes sensations chez autrui. A mesure que l'enfant grandit, cette conception se développe, et le nombre des analogies qu'il découvre s'étend dans le domaine intellectuel comme dans l'ordre matériel.

Aucun raisonnement n'aurait la valeur de ces impressions pour lui faire saisir les lois physiques ou morales qui régissent le monde animal, et la nature mystérieuse de cette force qu'on appelle la vie. Et comment ces faits n'exciteraient-ils pas chez lui un puissant intérêt, puisque sa propre existence dépend des mêmes lois?

En résumé, l'homme en présence d'un autre être animé se trouve en face d'un objet chez lequel existe une organisation complète soumise à un ensemble de lois et de relations. Ces relations se manifestent à lui par une série de sensations s'adressant aux sens de l'ouïe, du toucher et surtout de la vue. L'habitude lui a rendu ces impressions si familières, la comparaison avec ce qui se passe en lui-même lui a si bien fait comprendre leur association avec les phénomènes vitaux, que chaque fois qu'elles se reproduisent il reconnaît la nature vivante et animée de l'objet qu'il considère. Cette perception s'effectue par intuition, sans qu'un raisonnement soit nécessaire, presque aussi nettement que si l'homme était doué d'un sens spécial destiné à lui révéler la vie, comme la vue lui révèle la lumière.

Nous avons donc là toutes les conditions nécessaires à la production des impressions esthétiques.

Nous considérons ces impressions, aussi bien que les facteurs que nous avons appelé le type ou l'appropriation au but, comme rentrant dans l'ordre intellectuel, mais par un autre motif. La vie et ses lois sont réelles et objectives; elles ne sont pas, comme le type l'est en partie, une création de notre esprit. Mais si nous en étions réduits au témoignage de nos sens, nous ne comprendrions que très imparfaitement la nature de ces relations : c'est d'après l'observation psychique de ce qui se passe en nous-mêmes que nous pouvons en apprécier la valeur et l'importance.

Le geste et l'expression.

Il nous reste à parler d'un élément de beauté très spécialement développé chez l'homme, moins important chez les animaux.

Certains mouvements du corps, certains gestes, certaines modifications des traits du visage ont pour nous une signification que nous traduisons par le mot d'expression. Un sentiment, une idée se manifestent par un détail de pose, ou par un mouvement parfois à peine perceptible. Ces variations d'apparence sont tantôt naturelles et inhérentes à notre organisation : la douleur se traduit instinctivement par les cris, par les soupirs, les larmes, les sanglots, tantôt aussi elles sont conventionnelles : tels gestes, telles apparences du visage ont un sens qui repose sur une coutume, sans que rien dans notre nature les justifie. Mais peu importe : à ces gestes et surtout aux différentes expressions du visage, nous associons des idées, des sentiments souvent fort complexes, souvent fort élevés, que notre esprit comprend par une intuition instantanée. C'est la bonté, l'amitié, l'étonnement, la colère, la joie, la tristesse qui se peignent tour à tour sur la physionomie. Cette mobilité rehausse la beauté du visage, non seulement comme des jeux de lumière font ressortir un objet d'art ou un paysage, mais surtout en nous transportant hors du domaine matériel, dans le monde de nos impressions intellectuelles et morales, de nos affections, de nos passions humaines avec tout leur intérêt, leur profondeur, leur infinie variété.

Ici encore, il nous a fallu une éducation pour arriver à comprendre la signification des diverses apparences du visage : le seul témoignage direct de nos sens serait absolument insuffisant. Mais nous avons pris l'habitude d'associer une expression donnée à un sentiment déterminé, et quand cette expression se reproduit devant nous, la sensation physique réveille intuitivement l'idée du sentiment correspondant : c'est toujours une impression déjà ressentie, parfaitement connue, gravée dans notre mémoire, dont le renouvellement peut développer en nous une jouissance esthétique; c'est encore une impression réitérée.

Il est à remarquer ici qu'il ne suffit point de la répétition d'une apparence du visage pour provoquer une jouissance esthétique; il faut encore que cette apparence ait une signification. Ainsi, il arrive souvent qu'une personne ait quelque tic, une petite moue habituelle, un mouvement des sourcils ou des narines, un rire revenant sans motif à chaque instant. Pour être réitérée, l'impression est loin d'être esthétique, parce que, dans ce cas, elle ne répond à rien; c'est un accident et non pas une manifestation.

Effets esthétiques des mouvements. Chorégraphie[1].

Nous avons maintenant à nous occuper avec plus de développements que nous ne l'avons fait précé-

[1] Nous intercalons ici ce sujet, bien qu'à certains égards il ne s'y

demment des effets esthétiques résultant des mouvements de l'homme.

L'élément du beau intervient à divers degrés dans
la plupart des exercices du corps; mais c'est surtout
dans la danse qu'il rend un rôle prépondérant, parce
qu'il en constitue le but principal, tandis que dans
l'escrime, la gymnastique, l'équitation, etc., il ne
forme que l'accessoire.

Examinons donc quels sont les facteurs esthétiques de l'art chorégraphique.

1° Nous rencontrons en premier lieu le rythme,
que nous avons déjà étudié à propos de la musique.

La condition la plus essentielle pour bien danser,
c'est de danser en mesure; on exige cette condition,
qui n'est autre que l'observation du rythme, dans un
simple bal mondain ou champêtre, aussi bien que
dans les pas les plus difficiles exécutés par des
artistes de profession.

Le rythme en chorégraphie est aussi varié qu'il
l'est en musique; les dessins en sont très simples
dans les danses populaires, valses, galops, polkas; ils
sont beaucoup plus complexes dans les ballets. Les
phrases et les parties rythmiques suivent celles de la
musique qui, presque sans exception, accompagne la
danse. Parfois le rythme est encore accentué par des

trouve pas à sa véritable place ; on peut en effet se demander si l'art de
la danse rentre bien dans le beau dans la nature ; tout au moins s'il ne
serait pas plus logique d'en traiter lorsque nous parlerons des groupements
d'un ensemble d'individus. Nous ne nous arrêtons pas à ces objections
parce que l'étude que nous allons faire nous conduira à l'examen d'impressions physiques d'un caractère assez particulier qu'il convient de faire
ressortir.

bruits divers, tels que le frappement des pieds sur le sol, le jeu des castagnettes, le choc d'armes simulant un combat, etc.

Cette association de deux ordres d'impressions, dont nous avons déjà rencontré quelques exemples en passant, mérite de fixer notre attention. Dans la danse, les sensations de l'ouïe s'unissent habituellement à celles de la vue; mais elles sont reliées par un élément commun au moins, celui du rythme : les mouvements du danseur et les sons qui les accompagnent sont soumis à une même loi de temps et de durée établissant entre eux une unité évidente. Or le sens de la vue, comme celui de l'ouïe, est apte à nous faire percevoir les notions de temps, l'égalité de durée et les divisions simples d'un intervalle de temps. Les deux sensations n'ont aucun rapport par elles-mêmes; elles s'adressent à des nerfs, à des organes différents; mais l'impression définitive est la même : les deux sensations diverses révèlent la même idée et, par suite, l'une n'est que la réitération de l'autre.

Le charme que nous fait éprouver cette identité d'impression présente une grande analogie avec ce que nous ressentons en entendant simultanément deux instruments de musique jouant chacun une partie dans un morceau d'ensemble : nous sommes frappés par la communauté du rythme, bien que dans l'oreille ce puissent être des nerfs différents qui soient affectés. De même, dans le cas qui nous occupe, la communauté de rythme de la danse et de la musique ne peut nous échapper, quoique ce soient d'une part les nerfs optiques et d'autre part les nerfs acoustiques qui nous la font reconnaître.

L'action esthétique de cette double perception du rythme est en particulier très marquée lorsque les deux sensations ont été momentanément séparées. Par exemple, la musique prélude par quelques mesures qui fixent nettement le rythme; puis le danseur part et commence ses figures, qui accusent le même rythme : l'impression qui, d'abord, s'adressait à l'ouïe, réitérée par la sensation de la vue, produit un effet très prononcé.

D'ailleurs, l'association des deux espèces de sensations ne réside pas uniquement dans le rythme, elle peut s'étendre, comme nous le verrons, à d'autres impressions de l'ordre physique ou intellectuel[1].

2° Les dessins répétés jouent dans la danse un rôle d'une grande importance. Les mouvements variés des membres et particulièrement des jambes et des pieds (*pas* simples) se placent sur les mesures et les temps, comme les notes ou les accords lorsqu'il s'agit de musique. On a donc des dessins chorégraphiques (*pas* composés) plus ou moins complexes, comme l'on a des dessins mélodiques ou harmoniques.

Leur répétition peut se produire de manières différentes :

a) Dans le temps; un danseur reproduit successi-

---

[1] Nous avons déjà rencontré, sans nous y arrêter, plus d'un exemple de redoublement de sensations diverses. Ce mode d'impressions réitérées, dans lequel l'élément intellectuel intervient à divers degrés, a en effet des applications très fréquentes dans les arts.

vement le même pas sur place, c'est-à-dire sans mouvement de translation général.

b) Dans l'espace; le même dessin est effectué simultanément par plusieurs danseurs dans une figure d'ensemble.

c) A la fois dans le temps et dans l'espace; un danseur répète le même pas en se déplaçant par un mouvement de translation, ou bien plusieurs sujets reproduisent à leur tour et alternativement le même dessin, les uns se portant en avant, tandis que les autres se portent en arrière, etc.

3° La symétrie intervient dans l'art chorégraphique avec un caractère très particulier.

Considérons d'abord le cas d'un seul sujet. Il est très rare qu'un danseur effectue un pas simple ou composé en conservant la symétrie absolue de son corps, c'est-à-dire en maintenant à chaque instant ses membres de gauche dans la même position relative que ceux de droite. On ne retrouve cette symétrie complète que dans des cas assez exceptionnels, par exemple dans certaines positions de repos, quelques saluts ou révérences (*révérence de paysanne*), quelques pas glissés [1].

Si la symétrie absolue est habituellement évitée dans ces conditions, c'est qu'elle entraînerait forcément le danseur à quitter le sol des deux pieds à la fois; ce ne seraient plus des pas, mais des sauts qu'il exécuterait, et le mouvement du corps serait trop heurté pour être gracieux.

---

[1] Les exemples sont plus fréquents dans la danse comique où ce n'est pas l'effet réellement esthétique que l'on veut faire prévaloir.

D'ailleurs, dans les positions de repos, la symétrie complète manque de charme; elle a presque toujours quelque chose de forcé, quelque chose d'improbable, dirai-je, car le corps humain n'a pas de tendance naturelle à revenir à un état d'équilibre symétrique; il faut un effort de volonté pour l'obtenir.

Mais, à défaut de cette symétrie complètement régulière, l'œil perçoit avec une grande facilité une sorte de symétrie, que l'on peut appeler alternante et qui constitue l'un des principaux éléments esthétiques de la danse. Elle consiste dans la répétition alternative des mouvements des membres de gauche par les membres de droite, et inversement. La marche ordinaire de l'homme en est l'exemple le plus simple : on avance alternativement et de la même manière le pied gauche et le pied droit, de sorte qu'à chaque pas la position générale du corps est exactement symétrique de ce qu'elle était au pas précédent. Les mêmes conditions se reproduisent fréquemment dans les pas les plus complexes de la danse.

Dans le cas où plusieurs sujets concourent à une figure d'ensemble, les deux espèces de symétrie, absolue et alternante, interviennent très souvent. Les danseurs ou danseuses se divisent en deux escouades égales et semblablement composées; l'escouade de gauche effectue des dessins parfaitement symétriques de ceux de l'escouade de droite; chaque sujet pris individuellement a son pendant dans un autre sujet de l'autre côté. En d'autres termes, l'un des groupes est à chaque instant disposé comme apparaîtrait l'autre groupe vu dans un miroir. On obtient ainsi la symétrie absolue de l'ensemble, mais non de chaque sujet considéré séparément.

La symétrie alternante peut aussi être réalisée lorsque les deux escouades répètent alternativement et symétriquement les mêmes mouvements. Enfin les deux symétries peuvent se combiner de diverses manières, par exemple si chaque sujet observe pour lui-même la symétrie alternante, tandis que les deux groupes restent dans la symétrie absolue.

4° La beauté individuelle des danseurs, nous avons à peine besoin de le dire, intervient à un haut degré dans l'art chorégraphique. Leur grâce a plus d'importance encore. Il est à remarquer ici que le type que nous nous formons d'un danseur de ballet implique une légèreté très supérieure à la moyenne : les poses de repos et surtout d'arrêt pourront, par suite, tout en restant gracieuses, être complètement en dehors de celles qui seraient admises pour une personne ordinaire. Une danseuse, par exemple, restera quelques instants immobile sur la pointe du pied : cette position, toute forcée qu'elle soit réellement, est gracieuse si elle semble aisée et naturelle, et si l'effort considérable qu'elle nécessite se trouve dissimulé. Il en est de même de la grâce dans les mouvements, dont la rapidité et le développement entraînent l'idée de légèreté, à la condition qu'ils n'aient rien d'exagéré en apparence. C'est là sans doute un des motifs qui font de plus en plus préférer dans les ballets les danseuses aux danseurs. Ces derniers, dont le type masculin implique la force et la vigueur, exécutent volontiers des pas violents, qui font ressortir leur virtuosité, mais qui ne laissent pas subsister le sentiment de la légèreté.

5° Lorsque nous avons parlé de l'*expression* comme d'un élément de la beauté humaine, nous avons fait remarquer que les mouvements du corps, les gestes, la physionomie du visage ont souvent pour nous une signification qui les rend propres à traduire une idée, un sentiment. Avec certaines différences, il en est de même de la danse, dont le caractère peut exprimer un état de gaieté ou de tristesse, de nonchalance ou de passion.

Cette signification des mouvements repose sur des raisons en partie naturelles, en partie conventionnelles. Ainsi un rythme prompt et accentué correspond naturellement à un sentiment de gaieté; l'enfant et les jeunes animaux manifestent leur joie par des sauts vifs et répétés; le rire est aussi d'un rythme précipité. Nous associons les deux idées, allegro et allégresse; une danse rapide et marquée prend donc pour nous un caractère joyeux, tandis qu'une danse lente répond à des sentiments opposés. De même l'effroi se traduit par certains mouvements naturels, la fuite, le retrait du corps, les mains mises en avant comme pour repousser le danger. L'amitié, la confiance se manifestent par le rapprochement.

D'autres sentiments sont accusés par des gestes ou des poses où la coutume se mêle à divers degrés. Se mettre à genoux, saluer en s'inclinant sont des signes de respect en partie spontanés, en partie réglés par l'usage. Enfin, d'autres gestes sont purement conventionnels et permettent d'exprimer la plupart des idées avec une certaine clarté; c'est une langue particulière qui constitue la *mimique*.

En tout cas, que la signification des mouvements soit naturelle ou conventionnelle, elle doit, pour produire une impression esthétique, se faire jour par un phénomène d'intuition, ce qui implique qu'elle nous soit assez familière pour que la sensation physique qui nous fait apercevoir les mouvements réveille instinctivement en nous l'impression intellectuelle correspondante.

Ajoutons que la musique accompagnant la danse contribue pour une grande part à l'expression des sentiments et complète ce que les mouvements à eux seuls ne sauraient pas toujours faire suffisamment comprendre.

Comme on le voit, cette signification des mouvements chorégraphiques n'est pour ainsi dire qu'une extension de ce facteur général de la beauté que nous appelons le geste et l'expression. Il y a cependant une différence importante. L'expression, le geste, dans la vie commune, et particulièrement lorsqu'ils accompagnent la parole, n'interviennent que d'une manière secondaire dans la production des impressions, tandis que, dans la danse, les mouvements et leur signification jouent le rôle principal comme élément esthétique; aussi le chorégraphe les idéalise-t-il en unissant le rythme, la symétrie, la répétition, la grâce, pour en rehausser les effets.

6⁰ Le compositeur chorégraphe doit grouper les moyens esthétiques que nous venons de passer en revue, de manière à les faire concourir à un but donné.

La danse, dans d'autres civilisations que la nôtre, a joué et joue encore un rôle important en s'associant au culte religieux et à des cérémonies civiles. On la considère alors comme propre à exalter les sentiments de dévotion et de patriotisme par les impressions esthétiques qu'elle développe; elle prend ainsi sa place dans la vie intellectuelle des peuples, et le chorégraphe trouve l'occasion d'appliquer son art sans avoir à se préoccuper de faire naître des situations qui l'y autorisent.

De nos jours, en Europe, c'est à peine si l'on retrouve quelques traces de ces coutumes et d'une alliance de l'art chorégraphique avec les choses sérieuses de la vie. La danse s'est réfugiée dans les salles de bal, où elle ne peut guère être envisagée que comme un amusement, et surtout dans le théâtre, où, associée à la musique, elle a pris une véritable valeur artistique.

Dans les représentations dramatiques, la danse, comme tout autre élément esthétique, doit rentrer dans l'unité générale de l'action, ce qui peut avoir lieu de deux manières :

a) En premier lieu, elle peut être introduite comme intermède dans une pièce lyrique (plus rarement dans une tragédie ou dans une comédie). Dans l'opéra ces intermèdes apportent un élément de variété et de repos, tout en conservant avec l'ensemble un caractère commun, d'une part par la musique qui accompagne la danse comme la poésie, d'autre part par sa liaison avec l'ensemble du drame. Le compositeur trouve cette liaison tantôt dans une fête champêtre ou somptueuse, qui donne prétexte à des danses vives et joyeuses, caractéristiques de l'époque ou du pays où la scène est censée se passer[1], tantôt dans la représentation d'une cérémonie religieuse ou nationale appartenant à un autre âge ou une autre contrée et permettant de donner place à une danse plus grave en lui conservant un cachet exotique ou historique[2], tantôt encore en trouvant quelque situation où la danse se rattache plus directement à l'intrigue, comme dans le ballet des nonnes et la séduction de Robert le Diable.

b) En second lieu, nous devons citer les ballets pantomimes, où la parole est complètement remplacée par la mimique et la danse. L'intrigue, par suite, peut pécher par pauvreté, et l'art du compositeur consiste à amener fréquemment des situations où la danse esthétique se trouve justifiée, car c'est là la principale ressource artistique de ce genre de représentations dramatiques. A ce point de vue elles présentent un intérêt particulier pour le sujet qui nous occupe, car l'élément plastique de la beauté humaine prend ici la première place.

Nous ne nous arrêterons pas à l'étude du beau

---

[1] Par exemple les ballets de *Guillaume Tell*, du *Prophète*, de *Lakmé*, de *Manon*, etc.

[2] Ballet de l'*Africaine*, d'*Aïda*, etc.

dans les divers exercices du corps : nous ne ferions que retrouver les facteurs déjà énumérés à propos de la danse. Quelques-uns de ces exercices se rapprochent de la chorégraphie, parce que leur but est en partie esthétique ; ainsi, dans la haute école en équitation, dans le patinage, on ne peut contester qu'à côté de la difficulté vaincue, ou de quelque résultat pratique, il n'y ait une large part laissée à la symétrie des mouvements et à leur grâce. Dans d'autres jeux, dans la gymnastique, l'escrime, les exercices militaires, les impressions esthétiques ne sont que secondaires et quelquefois sacrifiées au but principal que l'on se propose d'atteindre, toutefois elles conservent habituellement une grande valeur en embellissant et en ennoblissant les arts auxquels elles s'associent.

2. Le règne végétal.

La forme.

Nous avons vu que, dans le règne animal, la symétrie préside habituellement aux formes générales de chaque individu ; il en est autrement dans le règne végétal, où elle ne joue qu'un rôle secondaire : ce sont d'autres relations, rentrant dans le domaine de la géométrie de position, qui prennent la première place.

Le type auquel se rattachent généralement les végétaux est celui de la ramification : la plupart d'entre eux sont en effet formés d'un tronc ou tige centrale qui sort de terre et se divise en rameaux.

Les modes très variés suivant lesquels cette ramification s'effectue sont soumis à des règles spéciales qui donnent à chaque espèce végétale une apparence particulière, un faciès aisément reconnaissable.

Toute une série de plantes et d'arbres, en particulier un grand nombre de conifères, sont composés d'un tronc à peu près vertical, d'où se détachent, avec une régularité plus ou moins complète, des branches latérales qui elles-mêmes se divisent et se subdivisent en rameaux dont les derniers portent des feuilles.

Dans telle espèce de pin, par exemple, nous voyons que les branches se détachent quatre par quatre du tronc, en formant avec lui et entre elles des angles toujours approximativement les mêmes. Comme les branches les plus basses sont aussi les plus anciennes, elles sont plus développées que les plus hautes, et l'arbre prend une forme pyramidale.

Voilà un caractère bien précis, quoique les dimensions des parties n'aient rien d'absolu : les distances entre ces étages de quatre branches sont assez variables, l'orientation n'en est pas rigoureuse; mais la règle n'est pas moins évidente. A leur tour les branches principales présentent dans leur subdivision des caractères constants dans chaque individu; c'est un nombre toujours le même de rameaux partant du même point, s'abaissant vers le sol chez une espèce, se relevant chez une autre.

Enfin, toutes les feuilles épineuses qui forment les ramifications extrêmes présentent entre elles une complète analogie de forme et d'apparence.

Sans sortir du type général que nous venons de donner comme exemple, nous trouvons des variations très caractéristiques d'une espèce à l'autre, au lieu de se séparer par groupes de quatre à la même hauteur, ce sera par groupes de six, de cinq, de deux; ou encore les branches principales seront disposées sur une spirale que l'on peut se représenter comme tracée sur le tronc. Bref, le mode de ramification varie à l'infini, et les feuilles changent de forme et de facies.

Chez un individu de cette catégorie de végétaux, quels sont les caractères esthétiques en ce qui concerne la forme? Évidemment ils consistent dans la répétition de figures et de dessins qui, pour n'être ni absolument égaux, ni même rigoureusement semblables, n'en présentent pas moins une analogie que notre œil saisit immédiatement, et qui pourrait être définie d'une manière précise par des relations de position : c'est, de fait, ce que les botanistes font constamment dans leurs descriptions.

Passons à un autre type général. Un grand nombre de végétaux présentent un tronc qui s'élève sans ramification jusqu'à une certaine hauteur, à partir de laquelle il se divise en branches principales, se subdivisant à leur tour jusqu'aux feuilles. La forme générale n'est plus celle d'une pyramide ou d'un cône, c'est à peu près celle d'un champignon relativement mince à la partie inférieure et coiffé d'un branchage plus ou moins développé et arrondi.

Ici encore le mode de ramification, les angles aigus ou obtus que les branches font avec le tronc ou entre elles, la forme des feuilles et une foule d'autres détails caractérisent l'individu et l'espèce, et ces répétitions de formes analogues produisent une impression esthétique.

Nous remarquerons ici que, dans nos climats tout au moins, la plupart des végétaux de cette catégorie se dépouillent de leur feuillage en hiver. Même alors ils conservent des caractères déterminés nous permettant de distinguer les espèces; et leur beauté, atténuée sans doute, n'a pas entièrement disparu. Cela nous prouve que le mode de ramification proprement dit, indépendamment de la forme des feuilles, présente une importance très réelle dans l'apparence des végétaux.

Indiquons encore un type très fréquent. La séparation des branches s'effectue tout près du sol, en sorte que le tronc se réduit jusqu'à disparaître entièrement en se cachant sous terre. La forme générale est celle d'un bouquet. Des caractères analogues à ceux que nous avons mentionnés plus haut établissent le facies de la plante.

Il serait facile, mais superflu, d'énumérer d'autres exemples, de citer la forme en fuseau du peuplier et du cyprès, les types de plantes grimpantes, etc. ; toujours nous retrouverions le caractère esthétique de la répétition de figures analogues, qui devient de plus en plus saillant à mesure que l'on considère des parties plus rapprochées de l'extrémité des ramifications.

Rôle de la symétrie.

Le rôle de la symétrie, bien que secondaire chez les végétaux, conserve cependant une certaine importance.

On peut dire que dans la forme générale la symétrie absolue n'existe pas. Il est vrai que dans quelques espèces, quelques conifères en particulier, certains individus qui se sont trouvés dans des conditions d'égal développement en tous sens, présentent une forme d'ensemble qui se rapproche de la symétrie complète; mais c'est plutôt une symétrie de plan, une symétrie schématique, qu'une symétrie réelle. D'ailleurs, je ne pense pas que cette qualité exceptionnnelle ait une grande valeur esthétique par elle-même; nous sommes trop habitués, par l'observation des végétaux, à reconnaître que la loi présidant à leur croissance n'est pas basée sur des rapports constants dans les dimensions, pour ne pas attribuer au hasard les cas rares d'une symétrie quelque peu parfaite. Ces cas-là nous paraissent curieux plutôt que beaux, et si nous y trouvons un certain charme, cela provient, j'imagine, moins de leur régularité même que du sentiment que cette régularité est une manifestation exceptionnelle de vigueur et de vie dans les plantes ayant échappé à tous les accidents qui en modifient habituellement la forme.

Cette impression se rapproche de ce que, dans le langage artistique, on appelle quelquefois la *symétrie de groupement,* qui répond à un besoin de rencontrer un certain équilibre entre les parties d'un objet placé sous nos yeux. La symétrie absolue satisfait évidemment à cette aspiration, mais elle n'est pas seule à y répondre. Ainsi, dans les végétaux, si, sans cause apparente, un arbre ne présente de branches que d'un seul côté, il nous déplaît, l'impression qu'il nous produit manque d'équilibre : la manifestation d'une vie vigoureuse implique en effet un développement pareil dans toutes les directions : aux branches qui sont à gauche doivent correspondre des branches à droite d'une extension à peu près égale, sans prétention cependant à la symétrie absolue, qui ne cadre pas avec la loi de la vie végétale. Mais cet équilibre cesse de nous paraître esthétiquement nécessaire si nous voyons une cause à un développement inégal : placé à côté d'un rocher ou d'un mur, un arbre tout à fait irrégulier ne produit point l'impression de laideur qu'il donnerait s'il était isolé au milieu d'une prairie.

Ce besoin d'équilibre ou, si l'on veut, cette règle que toute chose doit avoir son pendant, comme on le dit à propos des arts décoratifs, rentre en partie dans le domaine intellectuel. Nous aurons à y revenir plus d'une fois dans la suite.

Si, comme nous venons de le voir, la symétrie régulière n'a pas force de loi dans la forme générale des végétaux, on ne peut contester son importance dans les détails de leur organisation. Les feuilles, les fleurs, les fruits nous en offrent à chaque instant des exemples; sans doute, ici encore, l'égalité des dimensions n'est pas toujours absolue, mathématique; mais elle est plus que suffisante pour nous impressionner, et ses effets contribuent dans une large mesure à la beauté des végétaux.

La continuité et la grâce.

L'élément esthétique de la continuité peut être placé sur le même rang que la symétrie dans le règne végétal : c'est surtout dans les détails qu'il se fait pleinement sentir. Dire qu'il n'apparaît pas dans la forme générale serait aller cependant trop loin. Vues à distance, les masses de feuillage présentent très souvent des formes arrondies d'un effet esthétique auquel la continuité n'est pas étrangère. En outre, la ramification implique par elle-même une idée de continuité, en ce sens que chaque branche se rattache forcément au tronc principal, de manière à établir dans l'ensemble une unité bien caractérisée. Seulement la forme souvent anguleuse et heurtée des lignes qui se dessinent s'écarte de la continuité, au sens ordinaire du mot.

Dans les détails, la continuité, comme la symétrie, reprend une place prépondérante : il serait difficile de trouver dans les objets faits de main d'homme, ou dans le règne animal, des lignes, des surfaces et des tissus présentant une continuité plus complète et plus délicate que celle que l'on rencontre à chaque instant dans les derniers rameaux, dans les feuilles, les fleurs et les fruits.

Par suite, la grâce, cette qualité sœur de la continuité, joue un rôle important dans le règne végétal.

A côté de la grâce de forme, nous trouvons aussi la grâce dans les mouvements que l'agitation de l'air imprime aux ramifications des plantes et des arbres. La souplesse des tiges et des branches, leur élasticité entraînent une continuité dans les mouvements et des oscillations répétées, qui ont d'autant plus de charme qu'à chaque instant elles se modifient suivant les caprices du vent.

La couleur.

Chez la plupart des végétaux de grande taille le tronc et les branches sont d'une couleur terne et foncée, mais qui présente habituellement de l'unité dans chaque individu, accentue le dessin de la ramification et contribue à lui donner un caractère spécial et reconnaissable.

Le feuillage est brillamment teinté de différentes nuances de vert; il en est de même des tiges des végétaux de petite dimension. Ici encore, il y a dans chaque individu une grande unité de couleur, à la fois caractéristique et esthétique. La saturation et l'éclat de la couleur, particulièrement au printemps, quand la végétation est fraîche encore, constituent par eux-mêmes un élément de beauté. Plus tard, quand la saison s'avance, la teinte se modifie, elle perd de sa vivacité et, finalement, vire au jaune ou au brun. L'un des caractères esthétiques se trouve ainsi modifié ou atténué; mais, en revanche, le jaune et le brun s'harmonisent mieux avec le bleu du ciel, et ces changements de nuances se succédant sur un même individu dont la forme générale reste constante apportent, dans l'impression produite, une variété qui la ravive.

Quant à la couleur des fleurs, elle contribue à leur beauté au moins autant que la forme. Sans qu'il soit dans notre intention d'approfondir ce sujet, qui d'ailleurs a été traité par plusieurs auteurs, nous devons nous y arrêter quelques instants.

Nous remarquerons d'abord que la fleur, même lorsqu'on la considère isolément, présente toujours quelques parties vertes, le calice, la tige, quelques feuilles qui y restent attachées. La fleur a donc tout au moins deux couleurs, dont l'une est le vert[1]. Il semble au premier abord que l'impression ne doive être agréable que si la couleur des pétales forme une bonne combinaison avec le vert. Mais on ne peut point dire qu'il en soit ainsi : les contrastes défavorables ne produisent pas dans ce cas leur effet accoutumé, ce qui provient de plusieurs raisons.

D'abord, comme nous l'avons vu, les mauvais effets de contraste sont contrebalancés par la vivacité des teintes. Or les fleurs ont souvent des couleurs d'un éclat que l'on rencontre rarement ailleurs. Il est donc naturel que dans ce cas aucune combinaison ne paraisse défectueuse. Cependant les nuances saturées de l'orangé et du jaune, même lorsqu'elles sont très vives, font en s'associant au vert du feuillage une impression moins agréable que les tons com-

---

[1] Nous laissons de côté le cas où les pétales sont verts eux-mêmes.

pris entre le rouge et le violet en passant par le pourpre.

Dans d'autres cas fort nombreux, la couleur des pétales est très lavée de blanc et se détache franchement en clair sur le vert des feuilles, conditions où le contraste est moins influent. Ainsi les nuances bleu pâle du myosotis, de certaines espèces de lins, etc., ne jurent pas avec le feuillage, parce que le contraste avec le vert les fait simplement paraître un peu lilas, sans que le bleu soit assez vif pour modifier sensiblement la teinte saturée du feuillage.

Enfin, la petite dimension habituelle des fleurs relativement à la masse du feuillage ne permet guère ce papillonnement des nuances que nous avons précédemment signalé comme accompagnant les mauvaises combinaisons de couleurs.

Parmi les fleurs dont les pétales ne sont pas colorés d'une teinte plate, les plus belles sont celles qui présentent des variations de nuance légères et graduelles comme saturation et comme ton, en restant dans les limites d'un petit intervalle. La variété se joint alors à l'harmonie et à la continuité des impressions : les roses en offrent un exemple remarquable.

Dans les fleurs dont les pétales présentent deux ou plusieurs couleurs franchement distinctes, la vivacité des teintes fait accepter toutes leurs associations; la présence du vert des feuilles y contribue aussi quelquefois. Ainsi, pour certaines fleurs rouges et violettes, le vert, en introduisant un troisième ton, améliore beaucoup la combinaison.

Quand les couleurs sont ternes, les contrastes défavorables sont beaucoup plus sensibles et l'impression devient médiocre.

Si, au lieu de prendre les fleurs isolées, nous considérons leur réunion naturelle sur une plante, sur un arbre ou dans un massif, la répétition de la même couleur, accentuant la répétition de dessins analogues, produit un effet plein de charme.

La vie.

La vie constitue le caractère esthétique le plus important du règne végétal, comme du règne animal, et nous pourrions répéter ici une grande partie de ce que nous avons dit plus haut sur ce sujet. De même que les animaux, les végétaux sont soumis à un ensemble de lois spéciales les séparant franchement de la nature inorganique. Les phénomènes qui dépendent de ces lois se reproduisent constamment sous nos yeux, et nous arrivons par cette observation répétée à une notion intuitive de cette admirable organisation, notion imparfaite sans doute, mais suffisante pour susciter en nous un vif intérêt et des impressions esthétiques puissantes.

La vie chez les végétaux diffère de ce qu'elle est chez les animaux par des points importants. Elle est moins complète, parce qu'il lui manque des caractères de premier ordre : la sensibilité, la volonté, le mouvement spontané, l'intelligence.

Il résulte de là d'abord, que c'est surtout par ses côtés physiques qu'elle nous est révélée : l'observation psychique, la comparaison de ce qui se passe chez les êtres animés avec nos propres sensations et notre propre nature se trouvent forcément exclues de nos moyens d'appréciation. La beauté végétale appartient donc beaucoup moins à l'ordre intellectuel que la beauté animale et surtout que la beauté humaine.

En second lieu, en l'absence de la sensibilité, de la volonté et de l'intelligence, la vie végétale est très loin d'avoir pour nous l'intérêt que présente la vie animale; tout le côté intellectuel et moral y fait défaut, nous n'y trouvons rien qui nous rappelle nos sentiments et nos passions.

En revanche, les impressions esthétiques qu'elle nous donne ont plus de calme et de paix. Nous ne sommes plus en présence de la douleur et de la souffrance, éléments inséparables de ce qui touche à la vie animale, et par conséquent des émotions esthétiques qu'elle provoque en nous.

Tous les facteurs de la beauté végétale que nous avons énumérés dans les paragraphes précédents peuvent, indépendamment de leur valeur intrinsèque, être considérés comme des manifestations de la vie. Sans sortir de l'ordre matériel et physique, nous aurions pu en citer d'autres, le parfum, par exemple, auxquels nous ne nous arrêterons pas ici. Mais il est deux de ces manifestations de la vie qui touchent à l'ordre intellectuel, qui ont plus d'importance chez les végétaux que chez les animaux, et que nous ne pouvons passer sous silence.

La *grandeur* des plantes et des arbres est un

caractère qui s'associe forcément pour nous à l'idée d'une vie puissante et constitue par suite un élément de la beauté.

La grandeur peut être considérée absolument et relativement.

Quelle qu'en soit l'espèce, un arbre remarquable par sa hauteur, l'étendue du branchage, l'abondance du feuillage, nous apparaît par comparaison comme doué d'une vitalité exceptionnelle. Ce développement peut provenir de l'âge séculaire de l'arbre, de l'essence à laquelle il appartient, d'un sol fertile; peu importe : la grandeur absolue est toujours un signe de vie et constitue l'un des caractères du type que nous nous sommes formés de la beauté végétale.

La grandeur relative des individus de la même espèce produit un effet semblable : ceux dont les dimensions en tous sens, l'exubérance du feuillage, l'abondance des fleurs et des fruits dépassent la moyenne de leurs congénères sont pour nous les plus beaux. La plante ou la fleur peut être petite absolument, elle nous charme néanmoins si sa taille la fait prédominer dans son espèce.

L'autre facteur que nous devons mentionner est celui de la *croissance* ou plus généralement du développement que le temps amène chez les végétaux. Qu'elle se manifeste lentement ou rapidement, qu'il s'agisse d'un arbre demandant des années pour grandir, ou d'une fleur s'épanouissant en quelques heures, la croissance est toujours le plus éclatant des signes de vie.

Elle forme, en outre, un puissant élément de

variété. Une plante pousse des feuilles, fleurit, se charge de graines : elle demeure pour nous la même plante, le même individu produisant sur nous une impression dont les traits principaux subsistent, mais qui se trouve ravivée par les modifications secondaires qu'elle subit. Un arbre croît lentement sans perdre le caractère et la forme qui nous le font reconnaître : en le revoyant d'année en année, nous retrouvons en lui la même apparence, sans autre changement essentiel qu'un progrès dans la vie.

3. La beauté dans le paysage.

Après avoir traité de la beauté dans le règne animal et le règne végétal, je passe à la beauté des paysages, me bornant à esquisser les traits principaux du sujet, en commençant par les caractères physiques.

L'ensemble d'un paysage comprend toujours une étendue supérieure, le ciel, et une étendue inférieure, qui peut être la terre ou l'eau. Indiquons en quoi consiste la beauté de ces trois éléments.

Le ciel.

L'air atmosphérique répandu au-dessus de la surface du sol forme une masse gazeuse énorme, partout identique à elle-même lorsque le ciel est serein : c'est la continuité, non pas dans les lignes et les surfaces, mais dans la profondeur, dans les trois dimensions de l'espace. Pour qu'elle produise sur nous une impression esthétique en rapport avec l'immensité dans laquelle elle s'étend, il suffit que nos sens puissent en avoir la perception. C'est bien là ce qui a lieu.

L'atmosphère, même la plus sereine, n'est pas absolument transparente : elle absorbe une faible fraction des rayons qui la pénètrent, et les corpuscules microscopiques qu'elle tient en suspension, — poussières solides, suivant les uns, ou vésicules d'eau, suivant les autres [1], — réfléchissent de la lumière en la diffusant dans toutes les directions. De là ce voile léger, cette brume bleuâtre, cette perspective aérienne qui nous donne le sentiment de la présence de l'atmosphère; de là l'apparence de la voûte azurée du ciel, qui détruit l'impression qu'au-dessus de nous il n'y ait que le néant, le *vide optique,* suivant l'expression du professeur Tyndall.

La continuité de couleur accompagne l'homogénéité de l'atmosphère; les teintes, très variées, dont le ciel se revêt par la réflexion prépondérante des rayons bleus et la transmission facile des rayons rouges et orangés, se fondent les unes dans les autres par une gradation insensible et produisent les splendides effets lumineux du milieu du jour et du couchant.

Les différences de limpidité du ciel, même lors-

---

[1] Clausius a particulièrement soutenu l'opinion que la couleur bleue du ciel provient de vésicules d'eau. Tyndall et d'autres expliquent cette couleur par la présence de poussières impalpables, qui rend aussi compte de divers phénomènes de polarisation lumineuse.

qu'il est entièrement serein, amènent une variété presque infinie d'aspects. Elle ne se manifeste pas seulement d'un jour à l'autre, ou d'une saison à l'autre, mais quelquefois aussi d'une époque à une autre. Dans une période récente, probablement à la suite de l'éruption du Krakatoa, l'atmosphère, chargée d'une poussière impalpable, a pris une apparence toute spéciale, sensible surtout au lever et au coucher du soleil, et consistant en une exagération étrange et vraiment splendide des colorations habituelles.

Les différences sont aussi très accusées suivant les circonstances climatériques. A de grandes altitudes et dans les régions polaires, on observe des effets très beaux et très extraordinaires pour les gens de la plaine ou les habitants des pays tempérés. Dans ces conditions extrêmes les effets dépassent même, au premier aspect, les limites dans lesquelles la variété et l'éclat rehaussent les sensations esthétiques : l'étonnement l'emporte sur l'admiration, et ce n'est qu'avec une certaine habitude de ces spectacles que l'observateur arrive à jouir de toute leur beauté.

Lorsque le ciel n'est pas complètement serein, la présence de nuages flottants dans l'atmosphère produit une impression tantôt favorable, tantôt défavorable. S'ils s'entassent avec trop d'abondance, ils troublent l'apparence de continuité du ciel; ils limitent l'étendue qu'atteint le regard, ils interceptent la lumière et nuisent à l'éclat des couleurs. Mais s'ils sont clairsemés dans l'espace, s'ils ne voilent qu'en partie le bleu du firmament, ils déterminent habituellement, souvent tout au moins, une bonne impression dont il est facile de se rendre compte.

D'abord ils font apprécier l'étendue et l'immensité de l'atmosphère : ce sont comme des points de repère aidant à juger des distances, particulièrement dans le sens de la hauteur, dont la perspective aérienne ne donne pas bien la perception.

Puis les divers nuages présentent entre eux une identité de nature évidente à l'œil. Au point de vue de leur constitution et en laissant de côté les différences de forme, il n'y a guère que deux espèces de nuages : ceux qui sont composés de très petits cristaux de glace, flottant dans les régions supérieures et froides de l'atmosphère, et ceux qui sont formés de vésicules ou gouttelettes d'eau assez petites pour demeurer en suspension.

Les premiers, les *cirri*, sont en général ténus et légers, d'une apparence facile à reconnaître. Leur texture particulière donne un caractère commun à leurs dessins délicats se détachant comme des broderies sur le fond bleu du ciel.

Les nuages composés de vésicules d'eau sont plus compacts; généralement, à un moment donné, ils présentent entre eux une grande analogie dans leur forme tantôt floconneuse (*cumuli*), tantôt étalée en longues bandes (*strati*). Il serait superflu d'insister sur le caractère esthétique s'associant à cette analogie; remarquons seulement que, sous le souffle des vents, les nuages sont entraînés d'un mouvement commun, lent ou rapide, qui établit entre eux un rapport de plus.

Enfin, ce sont surtout les couleurs et les jeux de lumière qui prêtent aux nuages leur plus grande beauté. Au milieu du jour, ils sont blancs et, par un effet de contraste, ils font paraître plus foncée la couleur bleue sur laquelle ils se projettent. Au coucher et au lever du soleil, ils s'illuminent de teintes chaudes, orangées, rouges, rosées, d'un effet fugitif, varié, toujours charmant.

La beauté des nuages, si capricieuse qu'elle soit, repose donc sur des caractères d'unité, de similitude, d'harmonie des teintes, qui font surgir dans notre esprit l'intuition de grandes lois, en même temps que, par leur variété incessante, nos impressions sont à chaque instant ravivées.

Dans cette esquisse de la beauté du ciel, je n'ai rien dit du Soleil, source de toute cette vie lumineuse : c'est que son éclat, insupportable à l'œil, nous empêche de le regarder directement, sauf parfois lorsqu'il touche à l'horizon et que le hâle ou la brume adoucissent ses rayons et nous permettent de l'admirer.

Pendant la nuit les autres astres sont les ornements d'un ciel dont le bleu s'est foncé presque jusqu'au noir. Au point de vue physique, les étoiles, par leur similitude, donnent à l'étendue cette unité qui nous charme : la lune, par ses formes géométriques se modifiant d'un jour à l'autre, par son parcours lent et régulier, par la lumière pâle qu'elle rayonne, nous offre un spectacle enchanteur.

En résumé, l'on peut dire que le ciel, cet élément commun de tous les paysages, est toujours aussi un

élément de grande beauté, même en laissant de côté,
comme nous l'avons fait, les impressions de l'ordre
intellectuel, qui s'allient à l'esthétique de la nature.

L'eau.

Sur une grande partie de notre globe, l'eau constitue à elle seule l'étendue inférieure du tableau qui
se présente à nous. Cette simplicité n'empêche pas
une vue de pleine mer d'offrir les beautés les plus
frappantes à l'œil du navigateur.

L'eau, aussi bien que l'atmosphère, présente en
effet le caractère de continuité dans la profondeur,
qui contribue puissamment à l'effet esthétique des
masses transparentes, bleues ou vertes, qui forment
la mer. Mais l'impression prédominante est celle de
la continuité de la surface, dont la direction est horizontale dans son ensemble, et qui tantôt forme un
miroir à peine ondulé reproduisant l'image ou les
reflets du ciel, tantôt est agitée de vagues aux oscillations périodiquement répétées. Il y a toujours une
grande unité entre les apparences du ciel et de l'eau :
ce sont les vents, c'est-à-dire les mouvements de
l'atmosphère, qui déterminent les mouvements de la
mer; nous voyons les vagues se propager dans la
direction vers laquelle souffle le vent, que nous
percevons soit par le sens du tact, soit par le déplacement des nuages. L'énergie variable des mouvements de l'air se traduit par l'énergie des mouvements de l'eau depuis le calme jusqu'à la tempête.
Le mugissement des flots accompagne le bruit du
vent.

La variété des apparences est incessante. La forme des lames est tantôt à peine accusée, tantôt d'une continuité complète pendant la houle, tantôt d'un relief prononcé, tantôt brisée lorsque la violence de l'air pulvérise et fait écumer la crête des vagues. La distance des vagues, ce qu'on appelle en physique leur longueur d'ondulation, caractère qui s'allie à la rapidité avec laquelle les oscillations se succèdent, varie aussi beaucoup. Au moment où cesse le calme, le vent commençant à souffler ne produit d'abord que de petites rides qui, graduellement, se changent en vagues plus hautes, mais qui se suivent plus lentement.

Les phénomènes de coloration se modifient simultanément; la couleur naturelle de l'eau est peu sensible pendant le calme; à moins que l'observateur ne dirige son regard presque verticalement, c'est surtout l'image ou le reflet du ciel avec ses mille nuances qui est visible. Dès que l'eau s'agite, la lumière qui pénètre dans son intérieur peut plus facilement en ressortir; mais elle a subi pendant cette immersion passagère une absorption portant surtout sur les rayons rouges et orangés, tandis que les rayons de couleur complémentaire sont librement transmis. La teinte propre de l'eau sera donc le bleu, si l'eau est limpide comme dans la Méditerranée ou le Gulf-stream, le vert là où l'Océan tient des particules jaunâtres en suspension. La pureté de ces teintes croît en général avec la grandeur des vagues et avec l'intensité de la lumière qui les frappe. Il est difficile d'imaginer un spectacle plus splendide et plus coloré que celui de la Méditerranée éclairée d'un brillant soleil et bouleversée par une tempête de mistral, lorsque les vagues énormes sont séparées par des vallées d'un éclatant azur, aux contours arrondis et gracieux, dans lesquelles le navire semble par moments se cacher entièrement, tandis que les crêtes écumantes étincellent d'un blanc éblouissant.

Près des côtes l'agitation de la mer est plus violente qu'au large; les lames se brisent contre les rochers ou déferlent sur la grève avec un rythme sonore. La marée joint ses effets à ceux du vent et, en modifiant le niveau des ondes, elle fait changer d'heure en heure l'apparence du rivage.

Dans les lacs et les étangs, on voit se reproduire les mêmes phénomènes atténués; ce n'est plus la grandeur et la puissance de l'Océan, c'est toujours le charme de la transparence, de la continuité, du mouvement et des jeux de lumière. Dans les fleuves, les ruisseaux, le transport des masses liquides sous l'influence de la pesanteur donne une impression nouvelle d'animation, pleine de variété, quoique d'une régularité évidente. Un cours d'eau, dans ses gracieux contours, établit une unité dans les lieux qu'il traverse, il forme un tout continu, un être auquel les poètes de l'antiquité prêtaient une personnalité semi-divine.

La terre.

Arrivons au troisième grand élément du paysage, la terre. Ici l'impression de continuité subsiste à un certain degré, mais amoindrie et souvent voilée; par suite, les paysages terrestres ne sont pas toujours beaux. Dans les masses de terre ou de roches, l'homogénéité, si elle existe, n'est pas accessible à nos sens au-dessous de la surface du sol, qui seule est visible. C'est donc de cette surface, de son apparence, de ses formes et de la couleur dont elle est revêtue que dépend l'impression esthétique éprouvée.

Envisagée d'une certaine hauteur, une grande vue de plaine, qu'il s'agisse d'un désert de sable, de steppes, de prairies ou de bois, présente, malgré sa monotonie, un charme puissant, à cause de son homogénéité. L'aspect de ces vastes surfaces horizontales se rapproche de celui des grandes masses d'eau, mais avec bien moins de variété : le mouvement y fait presque complètement défaut; il se réduit aux effets du vent agitant les arbres et les plantes ou faisant courir sur le sol l'ombre des nuages. La couleur change suivant le temps, s'assombrissant ou s'égayant avec le ciel. Cette harmonie d'apparence de l'étendue supérieure et de l'étendue inférieure exerce une grande influence esthétique dans tous les paysages et rachète parfois ce que les couleurs perdent en vivacité lorsque le temps est couvert.

Les plans successifs de collines éloignées produisent une excellente impression, surtout lorsque les lignes présentent entre elles, non pas une identité absolue qui ne répondrait pas à l'idée que nous nous faisons de l'œuvre de la nature, le parallélisme complet gâte le paysage, mais une analogie cependant bien marquée. La campagne de Rome, dont la beauté est si renommée, est l'un des types de ce genre de vues. La perspective aérienne y ajoute un grand charme en estompant d'une buée bleuâtre les plans les plus éloignés, qui s'harmonisent ainsi avec la teinte du ciel.

Ailleurs, les montagnes apportent un puissant élément de beauté dans le paysage. Elles agrandissent l'étendue accessible à la vue, souvent dans le sens horizontal lorsqu'elles sont éloignées, mais surtout dans le sens de la hauteur. Ces masses colossales de roches accusent leur unité de structure par leurs formes, leur couleur, leurs puissantes assises géologiques. Très fréquemment les montagnes élevées sont divisées, pour ainsi dire, en zones horizontales permettant d'apprécier leur altitude : dans les parties les plus basses, les roches sont recouvertes par une végétation analogue à celle de la plaine; au-dessus se trouve la région des forêts aux couleurs sombres; plus haut apparaissent des prairies, dominées elles-mêmes par des rochers nus et enfin par les neiges éternelles. L'aspect de ces zones successives, partout répétées, donne de l'unité aux massifs des grandes montagnes. Les traînées horizontales de nuages qui s'attachent si souvent à leurs flancs ou qui en voilent les cimes contribuent au même effet.

Une condition esthétique des plus favorables se réalise lorsque les diverses parties du paysage se groupent d'une manière apparente en un ensemble, lorsque le plan général répond à une idée.

C'est, par exemple, la vue du Brévent de Chamonix, dans laquelle le Mont-Blanc domine comme une cime gigantesque, centre auquel tout semble se rapporter; les autres montagnes du massif, d'une analogie évidente à l'œil, n'en sont que les contreforts; les vastes glaciers partant de ce sommet divergent en se ramifiant dans les vallées latérales; tout est visiblement relié au centre; l'unité, une immense unité, est fortement accusée par des impressions communes.

Une vallée, comme celle du Valais, nous frappe de même par son unité; dans sa perspective étendue nous pouvons juger de la similitude des deux chaînes de montagne qui la constituent, des plaines qui forment le fond de ce sillon immense nettement tracé par le long cours d'eau qui le parcourt.

Ou bien c'est un golfe, tel que celui de Naples, dont les rives, comme un vaste amphithéâtre, s'inclinent vers la nappe d'azur, centre virtuel du tableau.

L'intérieur des forêts, les paysages sous bois présentent un caractère très spécial; le grand élément esthétique, le ciel, masqué par la ramure, y fait presque entièrement défaut. Mais la multiplicité des arbres, surtout s'ils sont de même essence, agit comme la répétition de figures analogues sans être identiques, variant suivant les heures, suivant les jours, suivant les saisons, suivant les jeux de lumière. Une impression du même genre est produite par tous les groupes de choses similaires, d'êtres végétaux ou animaux : c'est un champ de fleurs, un troupeau dans la prairie, un vol d'oiseaux dans les airs, un amas de rochers couverts de mousse.

Les impressions de l'ordre intellectuel.

Nous avons cherché à rendre compte de l'impression physique que nous causent les traits principaux, les grandes lignes du paysage. Il serait inutile de nous étendre sur les détails qui en rehaussent et en diversifient l'ensemble, comme une broderie sur une riche étoffe.

Passons donc, sans nous y arrêter longuement, aux impressions de l'ordre intellectuel que les paysages nous font ressentir.

Ce sont d'abord les souvenirs, les réminiscences, provoqués intuitivement en nous. L'aspect d'un endroit que nous avons déjà vu, ou qui seulement nous rappelle un autre lieu connu, réveille subitement notre mémoire et nous fait revivre dans le passé. Nous avons déjà fait remarquer plus haut que les sens autres que celui de la vue contribuent à ces associations d'idées : les parfums, la fraîcheur ou la chaleur, les bruits y ont une large part. L'ensemble de ces associations fait surgir dans notre esprit, tantôt vaguement, tantôt avec netteté, des impressions déjà ressenties, des joies renouvelées, des douleurs adoucies, sentiments tout personnels et très indépendants de la beauté physique et réelle de ce qui est devant nous : un paysage fort médiocre peut nous plaire, par ce qu'il nous rappelle, et, inversement, des souvenirs insignifiants en eux-mêmes prennent du charme par cette évocation intuitive. Nous aimons les lieux qui nous sont familiers, nous nous attachons à eux, ils nous parlent une langue connue de nous seuls.

On peut rattacher à ces réminiscences les types que nous nous faisons de certains états de la nature, correspondant en nous à un ensemble de sensations déterminées.

Les saisons, conséquences de phénomènes astronomiques précis, se traduisent pour nous par une réunion de manifestations et de sensations particulières. L'été, c'est la chaleur, le beau temps, la vivacité des couleurs, c'est la vie, la végétation luxuriante, le parfum des fleurs, le chant des oiseaux, le bourdonnement des insectes. L'hiver, c'est le froid, la neige, la glace et le givre, le sommeil de la nature. Par habitude nous associons ces diverses impressions concomitantes; nous en formons une chose à laquelle nous donnons un nom, que nous personnifions presque, comme le faisait la mythologie ancienne. A ces divers états de la nature correspond un état particulier de notre être, et quand, dans leur retour périodique, les saisons reparaissent, nous retrouvons avec charme cet ensemble d'impressions qui constitue pour nous un type défini.

Il en est de même de certains états météorologiques de l'atmosphère. L'orage est caractérisé pour nous par l'amoncellement des nuages, la pluie, la grêle, le vent et ses sifflements, les éclairs, le bruit du tonnerre. L'association habituelle de ces caractères nous entraîne à les considérer comme les conséquences d'une même cause, et donne à ce phénomène une unité esthétique puissante à laquelle se mêle une pensée d'effroi, de dévastation et de malheur.

L'influence de ces associations d'idées, un peu vague en ce qui concerne la nature envisagée en elle-même, prend une grande importance dans les arts. Le peintre, bien qu'il ne puisse se servir que des sensations de la vue, réussit à nous donner une sorte d'illusion de ces états typiques; il fait naître en nous l'impression de l'été, avec sa chaleur, sa vie, sa sonorité, ses senteurs, parce que les impressions sont alliées dans notre esprit aux sensations visuelles, auxquelles seules l'artiste peut matériellement recourir. De même le compositeur de musique arrive à nous peindre la nature en imitant seulement les sons et les bruits caractéristiques d'un certain état typique; par habitude notre imagination complète le tableau.

La tradition, les arts, la littérature réagissent sur les impressions que la nature nous fait éprouver.

Si nous visitons un site que les descriptions des voyageurs, des dessins, une peinture ou les vers d'un poète nous ont déjà fait connaître partiellement, notre imagination est plus vivement excitée, d'abord parce que notre attention se trouve naturellement attirée et guidée, puis parce que nous retrouvons dans sa réalité un tableau déjà apprécié[1].

Réciproquement, la vue d'un site célèbre fait surgir en nous le tableau des scènes qui s'y sont passées,

---

[1] Quelquefois cependant c'est une déception qui nous attend au premier abord; c'est ce qui arrive quand nous nous sommes trop souvent représenté les lieux avant de les voir et que nous avons fini par nous en créer

ou nous rappelle le chant d'un poète, le chef-d'œuvre d'un peintre.

Souvent c'est un simple phénomène de la nature auquel la légende ou la tradition religieuse ajoute un souffle de beauté intellectuelle. L'arc-en-ciel, ce brillant météore dont la régularité géométrique et les couleurs étranges ne s'accordent guère avec notre conception ordinaire du beau dans la nature, ne prend-il pas un charme particulier comme symbole de confiance et de paix ? « Je mettrai mon arc dans la nuée et il sera signe de l'alliance entre moi et la terre. »

L'influence de l'Homme.

Nous sommes naturellement conduits à nous occuper ici d'un sujet que nous n'avons pas abordé encore, l'influence que l'activité et les travaux des hommes exercent sur l'aspect de la nature. On peut en classer les effets sous trois chefs principaux : l'agriculture, qui modifie énormément les caractères que présenterait le paysage si la nature végétale était entièrement livrée à elle-même; les habitations, qui accusent énergiquement au regard la présence de la race humaine; enfin ce que l'on appelle les travaux d'art, les routes, canaux, chemins de fer, aqueducs, etc. Sous le rapport esthétique, ces effets sont tantôt favorables, tantôt défavorables; les

en imagination un tableau très précis mais nécessairement inexact; il faut alors du temps pour l'effacer et le remplacer par la réalité. Cette déception d'ailleurs est plus fréquente au premier aspect d'une ville ou d'un monument célèbre que pour une vue de paysage proprement dit.

impressions de l'ordre physique se mélangent aux impressions de l'ordre intellectuel, mais ce sont ces dernières qui me paraissent prédominer.

Il nous est difficile de nous représenter ce que les lieux qui nous sont familiers seraient si l'homme ne les habitait pas et ne les avait jamais habités. Des forêts, sans doute, occuperaient exclusivement la plupart des terrains aujourd'hui exploités par l'agriculture; la vue ouverte et riante de la campagne serait remplacée par des paysages sous bois qui, certainement, présenteraient de grandes beautés, variables suivant les climats et la nature du sol, mais partout sombres, bornés et mystérieux; ce ne serait que du haut des montagnes, ou du sommet accidentellement dénudé de quelque colline, que la plaine apparaîtrait comme une mer de feuillage triste et monotone.

Ce type de la forêt vierge, que l'on ne rencontre plus qu'au prix de voyages lointains, n'est pas celui que notre imagination peut prendre comme l'idéal de la nature livrée à elle-même. Celui-ci se rencontre plutôt dans des alternatives irrégulières de bois et de prairies. Ces prairies doivent bien leur origine au défrichement des forêts par l'homme; elles ne se reboisent pas et subsistent à l'état de gazons, parce que les troupeaux qui broutent ou le travail des faucheurs détruisent les pousses des arbres tendant à les envahir; mais, à part cette influence discrète, l'action de l'homme ne se laisse pas apercevoir. Ce type, que l'on rencontre fréquemment, est très beau; plus ouvert que les forêts à des vues lointaines, il doit entièrement son charme à ces caractères spéciaux du beau dans la nature que nous avons cherché à esquisser, et qui peuvent se résumer dans l'homogénéité du ciel que ne cache plus la couverture des bois; la continuité sans régularité absolue dans les surfaces du terrain, dont les accidents sont émoussés et recouverts par le gazon; la beauté végétale se manifestant par des analogies de forme et de couleur, dans lesquelles la symétrie absolue et l'apparence géométrique font généralement défaut; le sentiment universel de vie renforcé par la présence de l'homme et des troupeaux. On peut donc estimer que le défrichement partiel des forêts, cette première étape du travail de l'homme, est favorable aux impressions esthétiques.

Lorsque l'agriculture va plus loin dans son développement, il n'en est plus de même. Les champs aux contours polygonaux, les vignobles, les clôtures, la couleur terne des labours, la symétrie partielle des arbres dans les vergers, les coupes de bois morcelant les forêts, tout est en contradiction avec l'idée que nous nous faisons de la libre nature : c'est trop régulier pour ne pas être artificiel, pas assez pour apparaître comme un embellissement artistique.

Cependant si l'effet physique est mauvais, en revanche l'agriculture éveille une idée de richesse, d'abondance, de puissance de vie; et, de fait, l'idée du travail humain est tellement entrée dans nos mœurs qu'elle a pris la valeur d'une loi s'imposant à côté des lois naturelles, de sorte qu'une plaine inculte arrive à nous choquer la vue, bien qu'artistiquement (à mon sens du moins) elle soit plus belle dans son inutilité sauvage que si elle était divisée en champs et fouillée par la charrue.

L'apparence que la culture donne à la terre est d'ailleurs très variable. Elle est souvent très bonne quand le tableau est restreint, surtout s'il sert de décor à quelque scène de la vie champêtre. Que de peintres ont pris là les motifs de toiles charmantes! Elle peut être bonne aussi dans le cas inverse, lorsque le cadre est extrêmement étendu : la vue en carte de géographie d'une vaste plaine cultivée, contemplée du haut d'une montagne, ne manque pas d'attrait : la répétition à l'infini du fractionnement des champs rend de l'unité au tableau, le détail disparaît dans l'éloignement, l'impression d'abondance et d'activité prédomine.

L'effet que les maisons produisent dans le paysage est le plus souvent favorable; attirant la vue par leur dimension et leur teinte claire, elles apportent un grand élément de variété et font énergiquement ressortir le sentiment de la vie humaine.

Dans un milieu agreste, les chaumières et les masures font une agréable impression, quoique, ou parce que, aucun art n'a présidé à leur construction; en les voyant, on trouve qu'elles seraient « jolies à dessiner : » il est vrai qu'elles sont aussi faciles à dessiner, ce qui pour beaucoup est un mérite; élevées au hasard, en quelque sorte, sans prétention, sans plan étudié, elles se trouvent mieux en rapport avec l'aspect de la nature libre, caractérisé par l'absence de règles géométriques.

Lorsque les habitations s'améliorent au point de vue du confort, sans que l'art de l'architectnre y ait encore pris sa place, lorsque les dimensions grandissent, lorsque les murs droits, égalisés et blanchis se substituent aux matériaux irréguliers et au bois à peine dégrossi, lorsque la tuile remplace le chaume ou les planches, l'effet esthétique au point de vue physique me paraît perdre plutôt que gagner. Cependant, l'impression d'aisance, sinon de richesse, se renforce et établit une compensation. En outre, ces constructions sont habituellement entourées de champs cultivés avec lesquels elles s'accordent mieux qu'avec un milieu plus libre dans sa végétation; le but utilitaire de l'agriculture constitue entre le terrain et les bâtiments une sorte d'unité qui s'accuse à l'œil par quelque similitude de lignes et de caractères.

Le groupement des habitations en hameaux, en villages, plaît toujours : il y a là un rapprochement de dessins et de formes analogues, traduisant l'esprit de sociabilité de la race humaine. Une église, une école, quelque bâtiment public formant le centre de l'agglomération, rehausse cette impression en montrant que l'association des hommes ne se limite pas aux seuls intérêts matériels et qu'elle s'étend aussi à leurs aspirations religieuses et intellectuelles.

Ce que nous venons de dire des villages s'applique encore plus aux villes considérées comme élément du paysage; mais ici l'art de l'architecte entre en jeu, et en insistant nous serions entraînés hors du sujet qui nous occupe actuellement.

Une unité d'un autre genre caractérise les voies de communications, — sentiers, routes, chemins de fer, — qui jouent un rôle très marqué dans le paysage. Ces longues lignes de couleur claire ont une continuité frappant le regard et symbolisant bien leur but, qui est de relier les habitations et les contrées diverses. Elles nous donnent d'ailleurs accès dans les campagnes et forment presque toujours le premier plan du tableau qui s'offre à nos yeux.

Les sentiers, les petits chemins s'harmonisent aisément avec la nature libre et agreste, ils se sont pour ainsi dire créés par eux-mêmes; c'est la trace du passage naturellement le plus facile pour se rendre d'un lieu à un autre, sans travaux pour évincer les obstacles, sans déblais ni remblais; le sentier se détourne pour aller chercher les prairies écartées, les clairières des forêts, les habitations disséminées qu'il relie ainsi capricieusement, tout en formant comme une ligne de plus grande animation.

La route, la grande route, a un aspect tout différent; moins gracieuse, souvent même laide physiquement, elle accuse plus énergiquement l'effort des hommes pour se mettre en communication rapide les uns avec les autres; elle rattache les centres de population, mais non sans quelque raideur; elle ne se détourne pas pour chercher les habitations éparses, ce sont celles-ci qui viennent se construire le long de cette artère de circulation portant la vie partout où elle passe. Tantôt dans la plaine elle suit la plus courte distance, la ligne droite, sans s'infléchir pour éviter les légères ondulations du terrain et adoucir les pentes; elle coupe la nature plutôt qu'elle ne lui cède. Ces chaussées napoléoniennes, tracées au cordeau sur des lieues de distance, bordées d'une double et interminable rangée de peupliers, n'ont aucun charme champêtre ou artistique; mais elles ne manquent pas de grandeur et font penser à la puissance de l'homme. Ailleurs, dans les terrains accidentés, le constructeur d'une route cherche moins à abréger la distance qu'à éviter les pentes trop rapides; de là la nécessité de courbes ménagées, de nivellements du sol, de murs de soutènement, de ponts, de travaux d'art souvent fort beaux lorsque l'ingénieur ne néglige pas l'esthétique dans ses plans.

La route même se confond avec les sites dans lesquels elle entraîne le voyageur; elle les relie en un même tout, elle forme l'axe de la contrée et de ses beautés. Aussi plusieurs de ces voies de communication ont acquis une célébrité méritée : tels sont, dans les montagnes, les passages du Simplon ou de la Furka, au bord de la mer ou d'un lac, la route de la Corniche, celle de Messine à Catane, celles qui entourent le lac de Genève, et bien d'autres.

Quant aux chemins de fer, il est difficile et peut-être prématuré de démêler leurs éléments de beauté ou de laideur. Leur caractère principal, plus encore que pour les routes, est celui de la continuité qui se manifeste par l'uniformité de largeur de la voie, le grand rayon des courbes, la faible inclinaison des pentes, la longue traînée des fils télégraphiques ondulant de poteau en poteau, la similitude prononcée de tous les bâtiments de service espacés sur la ligne. L'ensemble est empreint d'une forte unité; c'est là certainement un élément de beauté, mais tout est « positif, » c'est le cachet du génie industriel, qui ne fait guère de l'art pour l'art.

Sur ces artères de civilisation, les travaux ont toujours de la grandeur : remblais ou déblais, viaducs, tunnels, toute cette œuvre colossale de nivellement de la voie produit une vive impression de puissance et de merveilleux. Souvent ces travaux sont artistiques, mais souvent aussi l'esthétique a été oubliée là où il aurait suffi de peu de chose pour éviter la laideur; parfois c'est un défaut de stabilité du sol, un éboulement imprévu, qui a nécessité des travaux accessoires jurant avec le reste; ailleurs le plan primitif a dû être bouleversé en raison d'un développement inattendu de la circulation; c'est ainsi que fréquemment les abords d'une grande gare architecturale sont devenus hideux par un entassement de magasins, de hangars, de quais, construits après coup sans style, sans lignes, sans ordre apparent.

Puis il manque à ces travaux modernes l'œuvre du temps; les maçonneries sont trop blanches, là où elles ne sont pas prématurément noircies par la fumée; les talus sont encore dénudés par places, les percées dans les bois n'ont pas repris la luxuriante ramure des lisières des forêts. Il est peu probable, toutefois, que dans l'avenir les chemins de fer se bordent de belles lignes d'arbres comme quelques grandes routes : l'ombre et l'humidité nuisent à la conservation des rails et, pour la sécurité des voyageurs, la voie doit être aussi découverte que possible à la vue du mécanicien.

Ils ne se bordent pas non plus d'habitations; tout le mouvement humain qu'ils attirent se concentre dans le voisinage immédiat des stations, entre lesquelles c'est plutôt le vide qui se fait.

Comme apparence d'animation, les voies ferrées sont inférieures aux anciennes routes. Sans doute, il y a de la beauté dans le train qui passe avec son grand panache de vapeur, avec le grondement rythmé de la locomotive, le roulement métallique des wagons dans leur surprenante vitesse. Mais cette impression violente de mouvement ne dure que quelques instants, et la ligne redevient pour longtemps déserte et monotone. Ce n'est pas la vie incessante des routes avec leurs lourdes charrettes ou leurs voitures rapides, avec les troupeaux que l'on presse, le fouet qui claque, le chien qui jappe, les passants qui se hâtent ou qui s'attardent, qui causent ou qui chantent.

Quant au voyageur qu'emporte le train, il n'a guère le temps de voir; il jouit parfois, il est vrai, de coups de théâtre magnifiques, comme à Saint-Raphaël, lorsque la ligne de Marseille atteint les bords enchanteurs de la Méditerranée, comme au sortir du tunnel de Chexbres, lorsque apparaissent brusquement le bleu Léman et les splendeurs des Alpes. Sans doute le chemin de fer, soit qu'il traverse en ligne droite des plaines ou que, comme au Gothard, il serpente et se torde tantôt à l'air libre, tantôt dans le roc vif, laisse apprécier la contrée même

qu'il parcourt, la constitution du terrain, les cultu-
res; mais ce qu'il dévoile mal, c'est la vie humaine,
la variété des mœurs, la couleur locale, qui fai-
saient jadis le grand intérêt des voyages. On peut
parcourir des centaines de kilomètres en retrouvant
partout le même style dans les gares, les mêmes
wagons de première, deuxième, troisième classes,
les mêmes uniformes sur le dos des employés. Heu-
reusement on va vite, et il n'est pas défendu de
faire escale sur la route.

En terminant cette rapide étude de l'influence que
la civilisation exerce sur l'aspect du paysage, je dois
dire quelques mots des jardins, des parcs, des promenades publiques, c'est-à-dire de ces transforma-
tions artistiques de la nature, œuvres mixtes de l'architecture et de la culture végétale, que l'homme
réalise pour y jouir du repos et du plein air.

Les édifices construits par les architectes et surtout les demeures de plaisance ne peuvent être plantés au milieu de la campagne sans aucune transition,
sans aucun raccord. Il faut au moins qu'un chemin
aboutisse à l'habitation, que des allées l'entourent
pour donner accès aux portes, qu'une cour relie le
bâtiment principal et les dépendances. Mais, sauf
quelques rares exceptions, si l'on se bornait à satisfaire à cette nécessité matérielle, l'effet resterait
esthétiquement fort mauvais, l'édifice fût-il en lui-
même un chef-d'œuvre et le site enchanteur. Il y
aurait désaccord entre deux ordres de beautés essentiellement différents : la beauté de l'architecture

réside dans des formes et des lignes, où prédomine l'élément de régularité; c'est l'inverse dans la beauté de la nature, dont la caractéristique ordinaire est l'absence de la rectitude géométrique. La juxtaposition immédiate de ces deux éléments choquerait la vue et le sentiment; il faut qu'ils soient reliés par une zone intermédiaire dans laquelle une impression commune établisse une transition. C'est là le rôle que remplissent les jardins et les parcs, en même temps qu'ils offrent des promenades faciles et un lieu de délassement.

On distingue deux genres principaux dans ces créations et on leur donne habituellement les noms de « jardins français » et de « jardins anglais. » Je ne sais s'ils sont historiquement bien choisis.

Les jardins français, dont le type est celui qui fit la célébrité de Le Nôtre, sont tracés suivant des lignes géométriques régulières. L'architecture ne s'y limite pas aux bâtiments, elle envahit franchement le terrain d'alentour, elle y étend son plan. Mais ce ne sont plus seulement des pierres qu'elle emploie pour matériaux; ce sont surtout des plantes et des arbres. Les fleurs et les arbustes sont disposés en plates-bandes, en massifs d'un dessin régulier et symétrique, entourés d'une bordure de lierre ou de buis taillé. Les arbres sont plantés en avenues ou en quinconces, au besoin on les taille pour leur donner en quelque mesure l'apparence de murailles ou de voûtes. Le terrain est soigneusement nivelé, les pelouses s'étendent comme des tapis, les pièces d'eau, carrées, circulaires ou elliptiques, sont encadrées de màrgelles de marbre ou de balustrades de fer. Des pavillons, des fontaines, des statues forment des centres secondaires vers lesquels des allées dirigent le regard et les pas.

Ainsi la forme générale et le plan d'ensemble sont absolument architecturaux ; mais, dans les détails, l'ornementation est en grande partie empruntée à la beauté végétale, plus capricieuse et plus colorée, donnant la note de transition, la modulation pour ainsi dire, entre la campagne qui s'étend au loin dans sa libre irrégularité et l'édifice qui porte la caractéristique complète de l'art humain. Il y a impression réitérée d'une part entre l'édifice et le jardin par l'architecture, d'autre part entre le jardin et la campagne par la végétation.

L'autre genre de décoration des habitations de plaisance est basé sur un principe différent : ce que l'on désigne sous le nom de parcs et de jardins anglais n'est pas une extension de l'architecture, mais une idéalisation de certains types de paysages. Ce n'est pas une imitation de la nature, comme on l'a dit quelquefois ; personne n'y est trompé, on reconnaît immédiatement le style de l'art humain, qui, intentionnellement, doit se faire franchement apercevoir.

Dans les parcs, le type idéalisé est le plus souvent celui des prairies mélangées avec les bois ou parsemées d'arbres isolés, type dont nous avons déjà parlé et dont on conserve les caractères saillants. Les arbres, qui en forment la principale ornementation, devront être convenablement choisis, d'un petit nombre d'essences naturelles au sol sur lequel on se trouve, parce que ce sont celles qui viennent le mieux et qui établissent le mieux l'harmonie avec la campagne environnante. La forme des bois et des clairières n'est pas laissée au hasard, elle doit être gracieuse et conçue de manière à faire ressortir la beauté de la végétation et à ménager d'agréables points de vue. Les prairies doivent être nivelées sans cependant exclure des mouvements de terrain adoucis; les gazons sont entretenus et fauchés pour mieux en faire apprécier la continuité. Les chemins ne sont pas en ligne droite, car dans le type naturel des prairies les sentiers tracés par le passage de l'homme et des troupeaux contournent et évitent les obstacles; seulement on rend leur continuité plus sensible en adoucissant les courbes, en égalisant la largeur des allées, en les sablant pour les rendre douces à la marche. Les pièces d'eau ne sont pas entourées de margelles, le cours des ruisseaux n'est pas forcé, il doit glisser dans les gazons ou les bois en suivant la ligne de plus grande pente. En un mot, dans tout l'arrangement du parc on cherche à reproduire des aspects que l'on ne rencontre qu'exceptionnellement dans la nature, et que l'on rassemble artificiellement sur un espace limité.

Si le parc est l'idéalisation du type agreste et un peu sévère des prairies et des bois, le jardin est l'idéalisation d'une nature plus riante et plus fleurie; c'est le type embelli de la culture des champs, dont le but utilitaire est abandonné pour faire place à ce qui plaît à la vue. Au lieu de céréales ou de légumes, on groupe des plantes au beau feuillage, aux fleurs éclatantes; au lieu de haies de broussailles, on dispose des massifs d'élégants arbustes; au lieu d'arbres fruitiers, on plante des arbres d'agrément. Dans la flore des jardins, bien plus variée que celle des champs, on introduit des espèces aux formes se rapprochant de la symétrie, des conifères, des palmiers, des plantes exotiques aux grandes feuilles, aux fleurs étranges, s'écartant trop de la flore indigène pour ne pas accuser une origine artificielle. Cette végétation est disposée avec art, de manière à former des tableaux où règne une symétrie de groupement, à l'exclusion de la symétrie absolue.

Ainsi, dans le genre anglais, parcs ou jardins, le raccordement avec les bâtiments se fait par l'appropriation évidente aux goûts et aux habitudes de gens civilisés; c'est la nature mise en ordre, apprivoisée en quelque sorte, corrigée dans les traits qui, accusant un excès de liberté, feraient un contraste trop prononcé avec l'édifice central. Il est à remarquer que plus on se rapproche de cet édifice, plus l'influence doit s'en faire sentir; très discrète dans le parc qui forme la zone extérieure, elle s'accentue dans le jardin plus rapproché : elle devient prépondérante au contact du bâtiment; là les allées sont nécessairement reliées aux portes, les pelouses deviennent plus symétriques, les corbeilles fleuries s'espacent le long des soubassements entre leurs saillies, des vases de fleurs ornent les péristyles et les gradins. C'est un retour au genre français dans le voisinage immédiat des constructions architecturales.

Auquel de ces deux genres de décorations, français ou anglais, doit-on donner la préférence? C'est là une question de convenance artistique et de goût personnel. Le genre français s'adapte très bien aux grands châteaux, aux demeures seigneuriales, surtout si l'architecture en est régulière et symétrique; il convient très particulièrement aux promenades publiques des villes; il s'applique presque forcément aux petites villas dont le jardin, de peu d'étendue, présente une forme régulière. Le genre anglais s'approprie plus facilement aux terrains accidentés, aux édifices sans symétrie, aux villas d'un style rustique qui s'harmoniserait mal avec trop de régularité dans les abords. Puis, d'une manière générale, on peut trouver que le genre anglais répond mieux au but habituel d'un séjour à la campagne : c'est le repos, la tranquillité, l'oubli des soucis des villes que l'on va chercher; l'aspect d'un jardin architectural, tout empreint du cachet de la civilisation, ne rappelle-t-il pas trop les idées dont l'on veut se distraire? Un milieu où prédomine le calme et la variété de la vie végétale ne remplit-il pas mieux les conditions de délassement que l'on recherche?

Il est plusieurs cas où un jardin n'est pas esthétiquement nécessaire à titre de raccord entre un édifice et le site où il est placé. Il est évident que dans les villes il n'y a pas disparité, et que si l'on adjoint des jardins aux constructions, ce peut être comme embellissement ou comme agrément, mais non comme une transition nécessaire. D'autre part, un édifice s'élevant au bord d'un lac ou de la mer, ou même complètement entouré d'eau, peut plonger directement dans les flots sans produire un mauvais effet de contraste; la surface plane et horizontale de l'eau est ce qu'il y a de plus géométrique dans la nature; elle n'a donc rien qui jure avec les lignes architecturales. Ailleurs la destination même d'un bâtiment serait en contradiction visible avec un jardin extérieur. Une prison, un cloître, un château fort doivent accuser une séparation brusque avec le monde ambiant, ce sont des murailles ou des fossés qui exprimeront le mieux cette condition.

CHAPITRE II

Nous arrivons à l'application aux beaux-arts proprement dits, des idées que nous avons développées dans les précédents chapitres. Je sens toute mon incompétence en ces matières, cependant je ne puis renoncer à traiter ce sujet, sans risquer de laisser mon travail par trop incomplet.

Commençons par le dessin et la peinture d'imitation (à l'exclusion des applications aux arts décoratifs). Ce grand art est basé sur la possibilité de représenter des objets dans leurs trois dimensions par des traits et des tons lumineux étalés sur une surface plane, plus rarement sur une surface courbe. Cette possibilité résulte elle-même de diverses illusions, dont les unes donnent la représentation de la forme, d'autres la représentation de la couleur, d'autres même la représentation du mouvement.

En quoi consiste le dessin? Supposons un observateur en présence d'un objet, d'une maison par exemple; supposons une glace sans tain interposée entre lui et l'objet (la glace de Léonard de Vinci).

Si, en maintenant son œil rigoureusement dans la même position, il promène sur la glace un pinceau imbibé d'une encre convenable en suivant les contours de la maison, il en fera un dessin. Chaque point de la maison se trouve ainsi projeté sur la glace en un point qui est situé sur la ligne droite allant de l'œil au point considéré. Maintenant appliquons derrière la glace une feuille de papier blanc : la maison cessera d'être visible, mais le dessin le sera toujours, et si nous venons prendre la place du dessinateur, le tracé qu'il a fait produit sur notre rétine une image ayant très approximativement la même forme et les mêmes contours que l'image de l'objet représenté, de la maison que nous avons prise comme exemple. Cette sensation réveillera intuitivement en nous l'idée de cet objet, à la condition qu'il nous soit connu et familier : nous savons ce que c'est qu'une maison, nous en avons vu souvent, nous la reconnaissons immédiatement dans le dessin; il y a là une impression réitérée qui s'adresse à la mémoire des sens. Nous n'éprouvons pas une illusion complète, nous comprenons parfaitement que nous sommes en face d'un dessin tracé sur une surface plane; mais ce tracé nous donne la représentation de l'objet pris pour modèle [1].

---

[1] Léonard de Vinci, Töpffer, Brücke, et d'autres auteurs encore, ont noté que le spectateur, en considérant un tableau, ne perd jamais le sentiment d'être en face d'une surface peinte et ne se croit pas réellement en présence des objets imités : il ne sera pas inutile d'insister sur ce fait. Rappelons en les raisons géométriques et physiologiques.

1° Le dessin étant supposé parfait, il ne pourrait y avoir illusion complète que pour une seule position de l'œil par rapport au tableau; tout déplacement fausse la perspective et déforme les objets.

Pratiquement, il est à peine nécessaire de le dire, le dessinateur ne suit pas le procédé que nous venons d'indiquer; il trace directement sur le papier

2º Les phénomènes de vision binoculaire s'opposent à l'illusion. D'une part en effet, la surface du tableau n'étant pas uniforme de teinte, apparaît nécessairement à la distance de la toile quand on la regarde avec les deux yeux : un trait noir, un point brillant, sont vus là où ils sont marqués et non à la distance perspective du trait ou du point qu'ils sont censés reproduire. D'autre part, l'objet réel que l'on a représenté, forme une image rétinienne sensiblement différente pour chacun des deux yeux (sauf si la distance est infinie, très grande tout au moins), tandis que l'imitation du peintre donne deux images presque rigoureusement identiques.

3º Même en regardant avec un seul œil, nous apprécions assez bien la distance des divers objets réels en présence desquels nous nous trouvons, parce que l'œil ne reste pas dans une position fixe : tout déplacement de la tête ou du corps change beaucoup, dans l'image rétinienne, la position des objets rapprochés par rapport à ceux qui sont éloignés, sans que nous ayons le sentiment qu'ils aient bougé. Dans le tableau il n'en est pas de même, et en tout cas, si l'illusion se produit, les objets semblent se déplacer en même temps que nous et autrement que dans la réalité (c'est un point sur lequel nous aurons à revenir).

3º La couleur et l'intensité lumineuse ne peuvent être fidèlement représentées; grâce à certaines propriétés de notre vue (Loi de Fechner) on arrive à produire une impression analogue, mais non pas identique à celle de la nature, et l'œil le reconnaît fort bien.

Est-ce à dire que devant cette impossibilité de produire l'illusion complète, le peintre puisse négliger les lois du dessin et s'écarter des règles de la perspective? Nullement. Ces lois, ces règles, lui permettent de définir clairement les objets qu'il veut représenter. Instinctivement le spectateur lorsqu'il est en face d'un tableau, cherche d'abord approximativement le point où il doit se placer; il saisit alors nettement le plan d'ensemble, les positions relatives; si le dessin est bon, il comprend d'intuition. Ensuite il se déplace, s'approchant pour voir les détails, cherchant le meilleur jour; il ne perd pas pour cela la notion de ce qu'il doit voir : l'image se déforme réellement sur sa rétine, mais il la rectifie mentalement, de même que sur une étoffe il reconnaît la régularité du dessin lors même qu'il le regarde de côté ou que l'étoffe n'est pas tendue. Mais si le dessin est mauvais, si la perspective est fautive, le spectateur cherche, hésite, comprend difficilement ou mal. Ainsi la perspective exacte est un puissant moyen de clarté que les maîtres se gardent de négliger.

ou sur la toile, à l'aide du crayon ou du pinceau, les contours et les détails principaux de l'objet qu'il veut représenter. Son talent consiste à savoir marquer la

Cependant l'observation rigoureuse de ces règles de la perspective donne dans certains cas spéciaux, des résultats très choquants dès que le spectateur s'écarte du point déterminé d'où le tableau doit être vu. C'est ainsi qu'une sphère en dehors du point de vue, est représentée perspectivement par une ellipse, et non par un cercle. Cette représentation, satisfaisante si l'observateur est bien placé, devient intolérable pour toute autre position. Dans ces cas-là, ne pouvant admettre que son tableau ne doive être regardé que d'une place unique et par une seule personne à la fois, l'artiste s'écarte de la règle géométrique et déplace le point de vue pour ces objets spéciaux : obligé d'opter entre deux défauts, il se résigne à choisir le moins apparent. Il fait encore mieux quand, dans sa composition, il s'arrange pour éviter de semblables écueils; c'est affaire de tact et de sentiment.

L'illusion que l'on éprouve à la vue d'une peinture, est plutôt subjective et volontaire, qu'objective et forcée. La preuve en est qu'un dessin placé horizontalement produit l'illusion à peu près aussi bien qu'un dessin vertical; regardez une marine à l'aquarelle posée sur une table, la surface de la mer ne paraît pas verticale; s'il s'agit d'une vue architecturale, elle ne vous représente pas un édifice renversé. Ou encore, un dessin non colorié, fait en noir sur blanc, ou même un dessin au trait ne reproduisant que les contours des objets, sans clair-obscur, se prête à l'illusion mentale, quoique l'illusion physique soit dans ce cas impossible.

Faisons sur une feuille de papier horizontale un tracé analogue à la figure ci-contre; nous pouvons y voir à volonté, ce qui y est réellement, c'est-à-dire un petit carré entouré de quatre trapèzes, à la distance même du papier ; ou bien nous pouvons y voir le panneau d'un parquet placé plus bas; ou bien encore, une pyramide quadrangulaire verticale dont le petit carré forme la face supérieure, l'intérieur d'une boîte sans couvercle, l'intérieur d'une chambre éloignée dont le

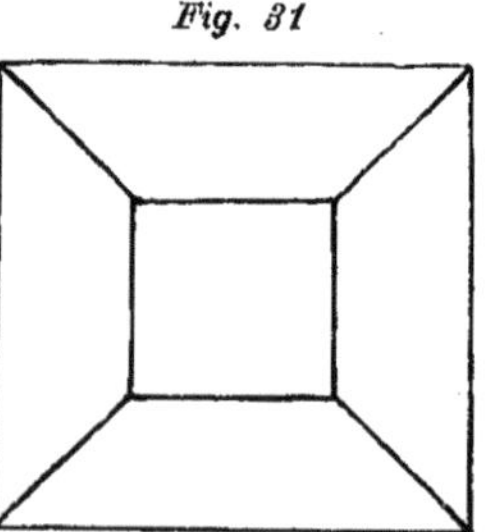

Fig. 31

plancher est figuré par le trapèze inférieur, etc. Voilà autant d'illusions que nous évoquons à volonté. Il se passe quelque chose d'analogue pour une peinture, avec cette différence que le clair-obscur et la couleur limitent le nombre des illusions possibles. Nous pouvons voir ce qui est : la toile plate et peinte ; puis, si l'objet représenté nous est connu et fami-

projection perspective ou conique d'un objet sur un plan; il le fait au juger et quelquefois en s'aidant de procédés géométriques (particulièrement pour la perspective architecturale) [1].

lier, nous pouvons facilement avoir l'illusion subjective de sa présence, et nous nous laissons aller à cette interprétation.

Quant à la distance à laquelle nous estimons que cette image illusoire se trouve placée, il y a des différences suivant les cas et peut-être suivant les individus. En ce qui me concerne, sauf dans quelques cas exceptionnels (peintures colossales, trompe-l'œil, etc.), particulièrement quand je regarde avec les deux yeux, j'ai toujours l'impression que le point le plus en saillie des objets représentés, est à la distance ou je juge qu'est la toile. Ainsi dans un paysage, le premier plan me paraît venir se terminer au cadre en le touchant ; dans un portrait, le nez si le modèle est vu de face, la joue s'il est vu de profil, les jambes s'il est assis, me semblent à la distance où le portrait est suspendu. Je ne puis affirmer que l'illusion soit la même pour tout le monde, car ma vue n'est pas normale (hypermétrope, ayant perdu la faculté d'accommodation), mais je puis dire que j'éprouve le même effet sans lunettes, cas où la vision n'est pas nette pour moi, avec des besicles légèrement convergentes appropriées et avec une lorgnette de spectacle. Il résulte de là que l'illusion que me produit le tableau, consiste dans le recul, en arrière du cadre, de tous les objets qui sont en arrière du premier plan.

Il en résulte encore, que pour les tableaux de petites ou moyennes proportions, je n'ai pas l'illusion de voir des objets, des arbres, des personnages de grandeur réelle, mais éloignés ; je vois des objets plus petits que nature, à petite distance : des arbres nains, des personnages lilliputiens.

Si cette appréciation de la distance n'est pas générale, ce que j'ignore, j'ai pu constater qu'elle est partagée par beaucoup de gens. Or elle ne gêne nullement le sentiment artistique ; c'est là une preuve concluante en faveur de notre thèse que le spectateur ne peut oublier qu'il est en face d'une œuvre d'art et non d'objets réels. D'ailleurs le même fait se retrouve dans la sculpture : une figurine de porcelaine de Saxe, ou même un de ces jouets, aujourd'hui parfois très artistiquement faits, représentant un petit cheval, un petit chien, font incontestablement naître l'impression de l'être ou de l'objet représenté, sans qu'il puisse y avoir d'illusion complète dans ce cas. L'imitation n'est pas le but de l'artiste, elle n'est que la langue dont il se sert pour exprimer sa pensée.

[1] Sans parler de nombreux Traités spéciaux, rappelons que **M.** Brücke

Ainsi le dessin peut être considéré comme une langue qui permet à l'artiste de faire comprendre sa pensée au moyen d'une imitation de forme; et cette langue est elle-même de l'ordre esthétique, puisqu'elle s'adresse à l'intuition; elle pourra produire une impression de beauté ou de laideur, suivant les cas.

Avant d'aller plus loin, il ne sera pas inutile de présenter quelques observations.

D'abord, nous ne saurions trop le répéter, l'impression réitérée ne constitue pas en elle-même la beauté, elle n'est que le moyen de la percevoir. Autrement tout dessin fidèle, représentant un objet quelconque, produirait un effet artistique. Ce n'est pas ce qui a lieu (quoique certaines écoles modernes s'accommodent en théorie de ce principe); l'artiste choisit constamment des sujets intéressants en eux-mêmes, tantôt par leur beauté propre, tantôt par l'impression qu'ils produisent.

De même, ce n'est pas le dessin le plus exact, le plus détaillé qui donne l'impression la plus vive. La photographie, qui surpasse en général par sa précision le dessinateur le plus habile, donne généralement un effet esthétique médiocre ou, pour mieux dire, l'effet n'est esthétique que si l'objet représenté est beau par lui-même; ce n'est pas le dessin, c'est le modèle qui séduit, comme en voyant dans une

---

a donné un exposé très clair et très intéressant de la perspective linéaire dans l'ouvrage intitulé *Principes scientifiques des Beaux-Arts* (Bibliothèque sc. internationale); je puis donc me dispenser d'insister longuement sur ce sujet.

glace une gracieuse personne, c'est celle-ci qu'on admire et non le miroir. On peut en dire autant des trompe-l'œil : quelques artistes parviennent à produire l'apparence réelle d'un objet dans ses trois dimensions, d'un bas-relief par exemple; l'illusion est parfaite, au moins sous un certain jour et pour une position déterminée du spectateur. Si le bas-relief est beau, le trompe-l'œil donne une impression artistique; si non, il ne subsiste que l'appréciation du talent technique de l'auteur : c'est une curiosité.

Une autre preuve que ce n'est pas l'imitation servile des objets qui provoque la sensation esthétique, c'est que ce sont souvent les caractères les moins propres à être rendus par la peinture qui produisent le plus d'effet : le dessin ni la couleur ne peuvent représenter le mouvement; l'artiste, toutefois, parvient à en donner l'impression. Par exemple, lorsqu'un arbre est agité par le vent, ses rameaux s'inclinent tous sous cette impulsion. Le peintre qui veut représenter une forêt pendant le vent, dessinera les branches toutes penchées dans la direction voulue; et cela fera naître intuitivement dans l'esprit du spectateur l'idée du vent; et cependant les arbres du dessin restent immobiles, tandis que, dans le modèle, le fait frappant c'est l'agitation. Pour donner l'image d'hommes ou d'animaux en mouvement, le dessinateur a recours à un artifice du même genre : lorsque l'on considère un corps animé d'un mouvement rapide et uniforme, l'œil n'en a qu'une perception très imparfaite; mais, quand le mouve-

ment est périodique, il voit avec une assez grande
netteté relative le corps dans certaines positions; ce
sont celles où le corps se trouve au minimum de
vitesse absolue. Ainsi, lorsqu'un cheval passe au
galop, on ne voit ses jambes et ses sabots que lorsqu'ils sont à l'extrémité d'une oscillation ou lorsque
les pieds touchent la terre; pendant ces instants très
courts, l'œil peut distinguer les formes; dans les
intervalles, il ne perçoit qu'une traînée confuse. Le
dessinateur, pour faire un cheval au galop, reproduit
l'animal dans une de ces positions où il est visible,
et cela suffit pour donner l'impression du mouvement. Dans un tableau représentant une troupe de
chevaux, une charge de cavalerie par exemple, il
n'y a que deux ou trois positions reproduites, parmi
une infinité d'autres par lesquelles passent les divers
chevaux. Ces dernières positions ne peuvent être
utilisées, car l'œil ne les reconnaîtrait pas, elles produiraient une impression nouvelle, et non une impression réitérée. La photographie instantanée peut
les saisir, et rien n'est plus bizarre que les figures
auxquelles elles donnent lieu, rien ne ressemble
moins au galop d'un cheval. (La figure ci-dessous
reproduit, d'après l'ouvrage de M. Muybridge[1], quel-

Fig. 32

[1] *The horse in motion as shown by instantaneous photography*, Lon-
dres, 1882.

ques-unes de ces phases qui échappent à l'œil laissé à lui-même.)

Un autre artifice auquel on a parfois recours pour produire la sensation du mouvement consiste à faire flou les parties animées d'un mouvement relativement rapide : ainsi, pour représenter un homme en marche, on peindra avec moins de netteté le pied soulevé qui se porte en avant que le reste du corps : le flou rend mieux la sensation visuelle du mouvement que des contours bien définis, c'est même là un argument que les partisans du flou en peinture font valoir à l'appui de ce système. Les gestes des personnages, la mobilité d'expression des figures, le vivant, s'imitent par des moyens analogues : le peintre choisit les poses qui frappent le plus les regards, qui restent dans la mémoire, qui sont par suite les plus propres à engendrer des impressions réitérées.

Ainsi, dans le dessin, *toutes* les impressions réitérées ne produisent pas la sensation du beau; mais celle-ci est *toujours* le résultat d'impressions réitérées. C'est pour cela que les objets représentés par le dessinateur (je parle ici du dessin d'imitation et non du dessin décoratif) doivent nous être connus et familiers pour pouvoir développer un sentiment esthétique. Cette dernière considération est très importante, et, de fait, le peintre ne met pas sur sa toile des choses fantastiques, bizarres, sortant de toutes pièces de son imagination; il ne crée pas des objets, il les imite. S'il y a des exceptions, elles confirment la règle : quelquefois l'artiste nous représente des animaux fabuleux, des chimères ou des anges ailés;

mais, dans ce cas, la poésie, la superstition ou les traditions religieuses ont avant lui créé ces types étranges qui, dès lors, ne sont plus nouveaux pour nous. Et même dans cette fiction, ce sont presque toujours des êtres composés du mélange de deux espèces connues qui sont figurés : c'est le centaure, moitié homme, moitié cheval, c'est la femme ou l'enfant pourvus d'ailes d'oiseau, en sorte que ces représentations, pour être fantastiques, n'en sont pas moins immédiatement reconnaissables par intuition.

Nous devons remarquer que cette condition n'est nécessaire que lorsque le dessin est destiné à produire une impression esthétique s'adressant à l'intuition. Or le dessin peut aussi être employé comme un langage s'adressant au raisonnement; le géomètre dans ses épures, l'architecte ou le mécanicien dans ses plans, le savant dans ses planches explicatives se servent constamment de ce moyen pour faire connaître la forme d'un objet qu'il serait difficile ou trop long de décrire par le langage ordinaire. Mais, ici, il faut un travail intellectuel pour comprendre le dessin, pour se rendre compte de la forme qu'on a voulu représenter; sans doute, l'intuition n'est pas complètement étrangère à cet effort de l'esprit qu'elle abrège et facilite, mais elle n'est plus seule en jeu, et si quelques impressions de l'ordre esthétique surgissent lorsqu'on contemple des dessins de ce genre, ce n'est qu'un effet accessoire et secondaire : le but principal est éminemment pratique.

Ce que nous venons de dire du dessin, nous pouvons le dire aussi de la couleur que le peintre emploie comme un puissant moyen d'imitation. Ici, la difficulté est plus grande pour l'artiste : tandis que la forme est susceptible d'être rendue avec une assez grande fidélité, la couleur ne peut suivre la nature que de très loin. C'est seulement par une analogie dans les rapports de ton et d'intensité lumineuse que l'on parvient à représenter l'effet du modèle. Cette partie de l'art est délicate, elle exige beaucoup d'aptitude et de talent[1]. L'emploi de la couleur, d'ailleurs, est limité par la même condition que le dessin : le peintre imite les nuances d'objets connus et familiers; il ne les invente pas.

Voici donc un premier point acquis : le langage du peintre, — c'est-à-dire l'imitation, — est un langage esthétique, puisque c'est par intuition qu'il est compris. Mais ce langage ne nous donne le sentiment du beau qu'à la condition de nous dire quelque chose, d'exprimer une conception, une idée, une émotion. L'artiste n'imite pas pour imiter, son but n'est pas de faire apprécier seulement son talent et son habileté de main, si précieuses que soient ces qualités : il veut éveiller un sentiment de bonheur ou de souffrance, de gaieté ou de mélancolie, d'amour ou de haine, d'enthousiasme patriotique ou religieux, d'admiration pour la nature. Mais, ici encore, il ne peut nous émouvoir qu'à l'aide de sentiments

---

[1] Nous ne donnons aucun développement à ce sujet qui a été très bien et très complètement traité par M. Brücke et M. de Helmholtz (voyez *Principes scientifiques des Beaux-Arts*. Bibliot. internationale).

qui nous soient familiers, à l'aide de sentiments que nous ayons *vécus,* pour employer une locution du jour. L'artiste doit être *vrai,* terme qui s'applique bien plus à ce qu'il veut exprimer qu'à l'exactitude matérielle de ses procédés d'imitation.

Insistons quelque peu sur ce point.

Le peintre de paysage, comme Töpffer l'a si bien dit dans ses *Menus propos,* ne se propose pas d'imiter fidèlement la nature jusqu'à réaliser un trompe-l'œil : ce qu'il cherche, c'est à nous faire ressentir l'impression qu'il éprouve lui-même à l'aspect d'un site dans telle ou telle saison, dans telle ou telle condition de lumière. Mais, pour nous faire partager son sentiment, d'une manière esthétique, non seulement, comme nous l'avons dit, il faut qu'il nous peigne des objets connus, arbres, prairies, rochers, maisons, étendues d'eau, il faut encore que l'ensemble de ces objets nous donne une impression familière. Aussi l'artiste prend-il habituellement comme sujet un site d'une nature qui ne soit pas trop étrange; il ne choisit pas quelque localité bizarre, quelque végétation exotique, quelque phénomène météorologique insolite, lors même qu'il y trouverait des beautés, parce qu'il sent que nous ne le comprendrions pas; il exciterait peut-être notre curiosité, il nous étonnerait, mais il ne nous charmerait pas. C'est là une grande difficulté de la peinture, comme de tous les autres arts du reste : l'amateur veut du nouveau, mais il cesse de comprendre dès que l'artiste s'écarte trop des chemins battus. Sans doute, le domaine qui lui est concédé se modifie et s'étend, mais ce n'est qu'à la longue et à la suite d'une lente éducation du public.

Je me rappelle que dans un voyage alpestre, — il y a de cela quelque quarante ans, — un de mes amis et moi nous rencontrâmes Calame, le grand peintre des Alpes, qui travaillait à la Handeck. Nous le pressâmes gaiement, sans grand espoir de réussir, de venir avec nous au glacier de l'Aar, que nous voulions remonter jusqu'à la Strahleck. Calame devint sérieux et refusa en disant qu'il admirait vivement ces hautes régions, mais qu'il y souffrait trop de ne pouvoir les rendre avec son pinceau. Ne faisait-il pas erreur? cette nature, n'aurait-il pas pu la rendre aussi bien que celle des hautes forêts et des pâturages supérieurs? n'était-ce pas plutôt qu'il sentait l'impossibilité de se faire comprendre? car à cette époque le nombre des touristes des neiges éternelles était très restreint. Depuis lors la mode, une mode intelligente, y a amené la foule, et les glaciers et les névés on trouvé un grand public admirateur. Par suite, quelques peintres ont pu exploiter avec succès ce champ nouveau. Pour ne citer que l'un d'eux, Loppé, prenant Chamonix pour centre, n'a pas craint de porter son chevalet et sa palette aux Grands-Mulets, au Grand Plateau, au sommet du Mont-Blanc, et ses tableaux, si étranges pour qui n'a pas fréquenté ces hautes altitudes, trouvent maintenant beaucoup d'appréciateurs.

Des barrières semblables enserrent également le peintre de genre et le peintre d'histoire. Le premier, dans les scènes de tous les jours qu'il met sous nos yeux, doit forcément représenter des sentiments humains, d'une intelligence facile. Le plus souvent, c'est autour de lui, dans son milieu, qui est aussi celui de son public, qu'il prend ses modèles, utilisant de son mieux la couleur locale, les mœurs du jour, les modes mêmes. S'il cherche ses sujets chez des peuplades étrangères, qui lui prêtent la variété de types, de costumes, de mœurs, c'est à la condition que l'attention ait déjà été attirée sur ces races par les récits de voyage, la littérature, les événements.

De même, dans ses œuvres plus complexes, le peintre d'histoire n'emprunte ses motifs qu'à des événements historiques ou légendaires qui sont dans toutes les mémoires : l'idée générale, si ce n'est le détail, doit être saisie intuitivement pour provoquer l'impression du beau. Il résulte de là qu'après quelque grand événement il se manifeste souvent une renaissance de l'art : les idées ont changé de face, des sujets nouveaux s'offrent aux artistes, qui ne se trouvent plus en présence d'un public blasé. Les progrès de la civilisation, de l'érudition, de la culture générale agrandissent aussi peu à peu ou déplacent le champ ouvert à l'artiste; c'est à lui de saisir le moment où il peut se faire novateur et forcer par son talent la routine du public.

On voit que le peintre est étroitement limité dans le choix des impressions qu'il veut traduire. Il l'est encore par ce que l'on appelle les conventions : à une époque donnée, certaines manières de peindre, certains sujets, certains genres, sont ou ne sont pas à la mode, sans que l'on sache trop pourquoi; c'est un goût général qu'il faut suivre si l'on veut être regardé, à moins que, par sa supériorité, l'artiste ne sache dominer le caprice et révolutionner la convention.

Cherchons maintenant comment, en dépit de ces entraves, le peintre arrive à nous émouvoir et à nous ravir. On reconnaîtra que c'est surtout par son caractère personnel, par son originalité propre. C'est sa pensée et son sentiment qu'il nous infuse : il faut que cette pensée ne soit pas banale, il faut que ce sentiment soit élevé; la variété en découle forcément, car, dans la diversité infinie des individualités, jamais un homme ne pense comme tout le monde.

Quelles sont les formes sous lesquelles se manifeste cette personnalité de l'artiste?

Parmi les impressions qu'il se propose de provoquer, l'une des plus fréquentes est la sensation même de la beauté : parfois il n'a pas d'autre but; parfois aussi, il fait appel à la beauté des objets qu'il rassemble sur sa toile, seulement comme un accessoire, pour idéaliser et ennoblir la scène qu'il figure. Or les facultés esthétiques du peintre sont, à égalité de dispositions naturelles, très supérieures à celles du simple amateur : il consacre sa vie à les développer, il s'y adonne tout entier. Dans ce qu'il voit, il discerne le beau même lorsqu'il est voilé et mélangé au laid; il retient l'un, il rejette l'autre. Ce beau qu'il distingue dans ses modèles n'est pas toujours le beau physique, le joli; telle tête qui ne frappe pas, qui n'attire pas le regard, présente toutefois les traits propres à exprimer un certain sentiment; il suffit, de les idéaliser un peu; tel visage se prête à rendre la colère et la passion; telle figure émaciée est un type de la souffrance.

Dans cette perception de la beauté, la personnalité des artistes, le tour de leur imagination et de leurs goûts jouent un grand rôle. Un même paysage, une même scène seront différemment compris par chacun d'eux, l'un est frappé de la forme, l'autre de la lumière et de la couleur; l'un y voit la beauté physique, l'autre ressent des impressions de bonheur, de mélancolie, de passion. C'est comme lorsqu'en regardant un ciel chargé de nuages, au caprice de l'imagination, tel de nous distingue une figure humaine, tel autre un animal fantastique, ou des montagnes, ou des abîmes. Léopold Robert a empreint son célèbre tableau des Pêcheurs de l'Adriatique d'une poignante tristesse; en conservant le même sujet, le même dessin, un autre peintre pourrait, par d'imperceptibles modifications, éclairer cette scène de joie, d'espérance, du bonheur de vivre.

Il ne suffit pas de ressentir vaguement des impressions, l'artiste doit encore reconnaître quels sont les traits qui les provoquent pour pouvoir ensuite les imiter , il doit non seulement comprendre la langue de la nature, mais aussi savoir l'écrire. Sous ce rapport, les études et les croquis des maîtres sont très instructifs, en montrant quel trait du dessin, quel ton de la couleur ils ont remarqués et notés. Ils reportent ensuite dans leurs œuvres plus travaillées ces traits, ces tons qui figurent la pensée; ils peuvent, ils doivent même négliger d'autres détails inutiles qui détourneraient l'attention. Dans certaines productions de genre, ces traits forment presque à eux seuls le dessin, le caricaturiste les outre, le faiseur de croquis les accentue sans trop les forcer, le peintre les fait prédominer discrètement dans un ensemble plus complet.

L'artiste utilise ainsi les richesses esthétiques que lui fournit le monde extérieur; mais il est très rare qu'il s'offre à ses regards un ensemble d'objets tous beaux et bien groupés, un tableau tout fait qu'il n'ait qu'à reproduire. Et même si ce cas se présentait exceptionnellement, il n'aurait guère à s'en féliciter : il serait probablement tombé sur un sujet banal, sa copie risquerait de pécher par manque d'originalité, il lui resterait bien peu de place pour lui imprimer son cachet personnel. Le peintre, tout en employant le langage de l'imitation, ne copie pas, il compose. Il conçoit une scène de la nature ou une scène humaine propre à rendre une impression spéciale, précise dans son esprit; il groupe sur sa toile les objets ou les personnages, en les idéalisant, sans s'écarter de la vérité, c'est-à-dire en mettant en lumière leurs caractères esthétiques et surtout les traits qui concourent à faire saisir sa pensée. C'est dans la composition du tableau que l'artiste s'élève au-dessus de l'imitation, c'est là qu'il crée réellement.

Son levier le plus puissant est l'*unité* : autour du sujet principal, les objets secondaires, les personnages accessoires doivent tous, par leur aspect, par leur expression, converger pour ainsi dire vers le centre, et, dans leur variété, ramener toujours l'esprit à la même pensée. L'impression provoquée dès l'abord par ce centre s'affirme ainsi en se répétant sous des formes diverses : il y a partout une note commune qui vibre et qui séduit. Petits ou grands, les moyens d'arriver à cette impression d'unité sont curieux à étudier. Les uns ne sont que des artifices physiques, des règles parfois conventionnelles: C'est le cadre doré et brillant, symétrique dans sa forme, qui fait déjà un tout du tableau ainsi nettement limité. Il est convenu, sans prétendre en donner l'illusion, que ce cadre forme comme une fenêtre au travers de laquelle on verrait à une certaine distance le sujet représenté; les proportions du dessin doivent être en accord avec la distance supposée, et cette distance dépendra elle-même de l'étendue de la scène qu'il s'agit de figurer. Ces conditions, en quelque sorte géométriques, sont loin d'être sans importance; si elles n'étaient pas respectées, le spectateur, sans s'en rendre compte peut-être, se trouverait distrait par l'effort qu'il devrait faire pour comprendre, son attention hésitante ne serait pas absorbée par l'idée capitale de l'œuvre mise sous ses yeux. Puis le tableau doit présenter une unité matérielle dans le mode de peinture, dans la touche; on ne peut, sauf de rares exceptions, changer la gamme des tons pour certaines parties de la toile, passer d'un coloris vigoureux à des nuances plus fondues, glacer ici pour empâter ailleurs, mêler le flou à la précision des contours.

Dans le plan général, il doit exister une certaine symétrie, la symétrie de groupement. Le sujet principal, quand il est clairement défini, occupe à peu près le centre du tableau; il ne peut sans motif être déplacé latéralement; les sujets accessoires sont groupés à droite et à gauche, de manière à établir une sorte d'équilibre d'impression : tout le poids ne peut porter d'un même côté; une place ne doit pas rester inutilement vide, tandis que sur telle autre les objets ou les idées surabonderaient. Un grand nombre de chefs-d'œuvre accusent ce caractère d'une manière prononcée. Raphaël a donné à ses tableaux une symétrie remarquable, quelquefois presque parfaite; citons seulement la Vierge de Dresde, la Madone de Foligno, la Transfiguration, la Sainte Cécile. Le même fait se constate chez des peintres antérieurs à Raphaël comme chez des maîtres modernes.

Toutefois il arrive souvent que la composition comporte deux centres se rattachant à une même idée : ce sont deux troupes avançant pour se combattre, c'est le chasseur et le gibier, c'est le port et le navire cherchant un refuge. Dans ce cas, les deux centres devront s'équilibrer des deux côtés de la toile. Mais il faut bien remarquer qu'il s'agit d'un équilibre d'impression plutôt que de forme et de grandeur des objets. L'infini de l'Océan, aux lignes sobres et monotones, peut faire équilibre à l'animation du rivage.

On pourrait presque résumer ce principe de la symétrie de groupement en disant que le centre de gravité des impressions que l'artiste veut provoquer doit se trouver sur la ligne médiane du tableau.

Il ne faut rien exagérer cependant; ce principe fait

défaut dans beaucoup de belles œuvres; il ne constitue pas une loi absolue; souvent le sujet même en
rend l'application impossible. Ainsi, dans un tableau
représentant un personnage couché, le centre d'impression est habituellement rejeté du côté où se
trouve la tête, qui attire le plus l'attention; plusieurs
Descentes au tombeau, les Madeleines du Corrège et
de Battoni, à Dresde, la Vénus du Titien en sont
des exemples [1].

En peinture, comme en architecture, la symétrie
peut plier ou céder devant la nécessité, sans que ce
soit un défaut. Elle ne forme pas le but, mais un
moyen qui, parmi plusieurs autres, se trouve à la
disposition de l'artiste; à lui, à son tact de décider
s'il doit le négliger ou en faire usage.

A côté de ces moyens qui appartiennent ou qui
touchent tout au moins à l'ordre physique, l'unité
se traduit plus vivement encore par des moyens de
l'ordre intellectuel. Elle ne peut régner dans le tableau que si elle existe dans la conception du
peintre. Il faut que celui-ci sache, ou encore mieux
qu'il sente ce qu'il veut exprimer, et que cette idée
prédomine sur toute l'œuvre qu'il exécute. Mais,
remarquons le bien, cette prépondérance d'une pensée n'exclut nullement les contrastes; bien plus,
l'idée repose souvent sur le contraste même.

Un paysagiste n'associe pas sur sa toile deux sites
disparates ne pouvant former un tout; cependant il

---

[1] Le plus souvent, lorsque le centre d'impression est en dehors de la
médiane, le peintre transporte aussi du même côté le point de vue, c'est-
à-dire le centre géométrique du dessin.

n'est pas tenu de ne peindre qu'un endroit homogène; il se prend plus souvent au charme de ces confins de deux genres divers de nature juxtaposés, la montagne et la plaine, les forêts et les champs, l'eau et la terre; ces oppositions sont naturelles, il y a variété, il n'y a pas disparate; l'unité, l'impression commune, se manifeste toujours, parce que les deux types appartiennent au même climat, parce qu'ils sont reliés par quelque transition, parce qu'ils sont pris au même moment de l'année et du jour, sous la même lumière.

Il en sera de même pour un tableau d'histoire. Ainsi, dans un Jugement dernier, l'idée principale est le divin Tribunal et l'arrêt prononcé. Le Juge, le Christ, occupe le centre; il sépare la foule des hommes rappelés à la vie; à sa droite les bons qu'il absout, à sa gauche les méchants qu'il condamne. Le contraste entre l'expression de joie et de gratitude des élus, de désespoir et d'horreur des damnés développe et éclaircit la grande scène qui se passe; il offre un vaste champ à l'inspiration du peintre, qui peut rendre par les poses, les gestes et l'expression des visages les sentiments les plus divers, les plus opposés, sans nuire à l'unité, parce que ces sentiments ont tous une source commune : le Jugement.

Nous avons fait remarquer plus haut que le peintre ne peut réussir à donner l'impression du beau que par l'imitation d'objets connus du spectateur et par la traduction de sentiments familiers à tous. Il en est de même, dans une certaine mesure, des scènes qu'il est appelé à représenter. C'est pour

cela que l'on voit les mêmes sujets reproduits à satiété, semble-t-il, et que différents maîtres, plutôt que
de chercher l'originalité dans la nouveauté, préfèrent
rester dans les voies battues, où ils sont sûrs d'être
suivis, se fiant à leur propre originalité de sentiment
pour raviver l'impression du beau. Les sujets religieux ou légendaires, dont personne n'ignore, offrent
à ce point de vue un grand mérite : ils sont immédiatement compris. Aussi ont-ils fourni à l'art une
mine dont les riches filons sont encore loin d'être
épuisés. Les sujets historiques ne présentent pas cet
avantage au même degré; le spectateur, s'il n'a pas
une certaine instruction, si l'événement retracé sous
ses yeux n'est pas bien présent à sa mémoire, ne
pourra pas dès l'abord éprouver toute la jouissance
esthétique qu'une œuvre de ce genre est susceptible
de donner; il lui faudra faire effort pour se rappeler
l'épisode dont il s'agit, ou en relire le récit; il devra
revenir à plusieurs reprises devant le tableau, qu'il
comprend chaque fois mieux et qu'il admire chaque
fois davantage. De son côté, le peintre, pour faciliter
et hâter l'intelligence du sujet, cherche à être aussi
clair que possible, il emploie tous les moyens pour
faire saisir ce qu'il veut rendre, pour mettre en évidence le fait principal, avec les passions et les sentiments qui s'y rattachent; il s'efforce de faire ses
personnages reconnaissables par leurs traits caractéristiques, par leurs costumes, leurs attributs, évitant
les anachronismes et tout ce qui pourrait égarer.
Il enseigne ainsi l'histoire, non pas scientifiquement,
mais avec la vivante puissance de l'esthétique; il ne
vous l'apprend pas, il vous la montre.

Le peintre de portrait a une tâche en un sens plus facile que le peintre d'histoire, et en autre sens plus ingrate. En présence d'un modèle, il doit en fixer la ressemblance physique; cette obligation est un avantage si le modèle est beau, un obstacle s'il est laid. Mais, en outre, l'artiste doit tout autant chercher la ressemblance morale; il doit peindre les traits du caractère aussi bien que du visage; cela exige du talent, c'est une difficulté, mais c'est aussi un grand moyen artistique.

Pour l'une comme pour l'autre de ces ressemblances, le portraitiste est en droit de choisir les conditions où elles ressortent avec le plus de charme; il peut même idéaliser discrètement, sans toutefois sortir de la vérité. Faire une beauté d'une figure seulement avenante, faire un génie d'un être simplement intelligent, ce n'est plus la ressemblance; un portrait flatté ne flatte tout au plus que le modèle.

Cette ressemblance, — qui n'est autre chose qu'une impression réitérée, — constitue un élément esthétique du portrait. Mais elle est aussi un écueil. Pour les proches, qui aperçoivent le moindre défaut, elle est rarement assez frappante, surtout en ce qui concerne l'expression que le peintre choisit souvent à son point de vue personnel plutôt qu'à celui d'un fils ou d'un frère. En outre, cette ressemblance s'altère avec les années : tel portrait, que l'on a trouvé bon et beau au moment où il venait d'être achevé, cesse plus tard de produire un effet satisfaisant; la figure du modèle a vieilli, le portrait semble l'avoir intentionnellement rajeunie; le costume est démodé et un souffle de ridicule ternit l'impression d'ensemble. Il est vrai que plus tard, si la peinture est réellement bonne, ces taches s'effacent : la figure redevient jeune plutôt que rajeunie, le costume paraît ancien plutôt que démodé.

Une illusion qui apparaît particulièrement dans les portraits consiste en ce que la figure représentée semble suivre du regard le spectateur quand celui-ci se déplace tout en contemplant le tableau. Cette illusion se produit toujours lorsque le peintre a représenté le modèle le regardant les yeux dans les yeux ; elle est même encore très sensible pour une direction du regard voisine de celle que nous venons d'indiquer. L'apparence de mouvement qui en résulte donne une grande vie à la peinture et reproduit une impression très habituelle, car quand, dans une conversation, dans une visite, on est en présence d'une personne, elle vous regarde ordinairement et vous suit des yeux. Le portrait rend donc, sous ce rapport, l'effet de la réalité et, dans la majorité des cas, l'artiste ne manque pas de profiter de cette ressource.

Ce moyen de figurer le mouvement n'est pas spécial au portrait uniquement ; il est souvent utilisé dans les tableaux de genre ou d'histoire à côté de ceux que nous avons déjà cités[1].

[1] Cette illusion n'est pas restreinte au regard seul : la tête, le corps même semblent tourner en même temps que les yeux ; c'est là un fait général dont il est intéressant de chercher la cause. Voici, je crois, comment il doit s'expliquer scientifiquement.

Dans la note page 243, nous avons insisté sur le côté subjectif de nos sensations de relief à la vue du dessin d'un objet : nous pouvons à volonté

La sensation esthétique, développée par les moyens
que nous venons d'indiquer, me paraît atteindre sa
plus grande énergie quand l'artiste parvient à expri-

voir la réalité, c'est-à-dire un tracé sur une surface plane, ou avoir l'illusion d'un objet dans ses trois dimensions, situé en arrière (ou même en
avant) du plan de la figure. Cette illusion, sans être jamais complète pour
un tableau ordinaire, est particulièrement facile, lorsque nous nous met-
tons rigoureusement à la place que le peintre occupait en faisant son dessin; elle est plus que suffisante pour faire jaillir en nous l'impression des
objets que l'artiste a représentés.

Supposons que cette position particulière soit telle que nous regardions
normalement le tableau, que nous supposons lui-même appliqué contre
une paroi verticale. Maintenant déplaçons-nous latéralement, en nous
portant légèrement à droite ou à gauche : le dessin vu un peu de côté,
conservera sans altération les dimensions dans le sens de la hauteur ; ses
dimensions dans le sens de la largeur seront toutes légèrement réduites,
mais leurs rapports de grandeur ne seront pas notablement altérés. Donc
l'image qui se formera sur notre rétine sera très analogue à ce qu'elle
était précédemment, elle sera seulement un peu plus étroite. Nous pouvons donc éprouver l'illusion qu'en arrière du cadre du tableau se trouve
un objet presque identique à celui que nous voyions en regardant normalement ; mais cet objet n'est plus vu dans la même direction que précédemment : il s'est déplacé en sens inverse du mouvement que nous
avons fait nous-même, et simultanément, il a tourné de manière à nous
présenter toujours la même face.

Pour plus de clarté, prenons quelques exemples :

Supposons un portrait *de face, regardant* le spectateur. Plaçons-nous
d'abord, de sorte que notre rayon visuel soit normal à la surface du
tableau. L'image étant vue de face, les deux oreilles, ainsi que les deux
yeux, sont à égale distance du nez ; dans chaque œil, nous voyons
le blanc à droite et à gauche de l'iris. Maintenant déplaçons-nous un
peu : dans l'image que nous voyons alors, les oreilles comme les yeux,
sont toujours très sensiblement, à égale distance du nez ; ils se sont seulement un peu rapprochés ; il y a toujours du blanc de part et d'autre
des iris : donc cette image nous donnera toujours l'illusion d'une figure
vue de face : mais, comme nous nous sommes déplacés, de gauche à
droite par exemple, notre rayon visuel a changé de direction ; nécessairement l'image d'illusion nous apparaît dans le prolongement de ce nouveau rayon visuel ; par suite nous avons l'impression que la figure s'est
déplacée à gauche ; en même temps elle a tourné pour faire toujours face
au spectateur. On remarquera que la couleur, les ombres, le clair-obscur,

mer une idée élevée, qui ne semble pas de nature à être traduite par des traits matériels. Ainsi, pourquoi la Madone de Dresde est-elle un chef-d'œuvre? Est-

conservent leurs relations, de sorte qu'ils contribuent à l'effet indiqué : la direction de la lumière qui éclaire le tableau a donc tourné aussi en même temps que la figure. Nous n'avons pris l'exemple d'un portrait de face que pour plus de simplicité : pour un portrait de trois quarts l'effet serait de même, les rapports des dimensions dans le sens horizontal n'étant pas sensiblement modifiés par un changement de position du spectateur (Planches I et II).

Les tableaux d'animaux fournissent de fréquents exemples de ces effets de déplacement. Ainsi on voit souvent à la devanture des marchands d'estampes, un cheval de course, vainqueur du dernier Grand prix, représenté galopant sur une piste parallèle au plan du dessin. Regardez-le en vous plaçant en face, vous avez nettement l'impression que c'est bien dans cette direction, c'est-à-dire parallèlement à la rue où vous vous trouvez, que le cheval est lancé : il passe devant vous, disons de gauche à droite. Maintenant déplacez-vous en faisant un pas à gauche : le cheval a tourné, il semble prêt à traverser obliquement la rue. L'illusion est plus ou moins complète suivant les conditions d'encadrement, de disposition des lieux.

Je possède un bon tableau d'Humbert représentant un groupe de moutons (Planches III et IV), l'un d'eux est vu par derrière, en raccourci très complet, de sorte que les jambes de derrière démasquent à peine celles de devant; le mouton est gras, bien râblé. Le tableau est pendu contre la paroi Est de mon salon. Si je le regarde normalement à cette paroi, j'ai naturellement l'impression que le mouton est tourné vers l'Est. Maintenant je me déplace notablement en me rapprochant de la paroi Nord du salon, et de manière à voir le tableau sous un angle de quarante-cinq degrés : le mouton me semble incontestablement tourné vers le S.-E., sa direction n'est plus perpendiculaire à la paroi, elle est fortement inclinée. En même temps le mouton est devenu très maigre, son échine est en dos d'âne ; il s'est produit une anamorphose considérable. Ces effets sont beaucoup plus sensibles lorsqu'on regarde avec une lorgnette de spectacle qui cache le cadre, dont la perspective et la vue binoculaire détournent l'attention et nuisent à l'illusion. La toile elle-même semble avoir tourné et n'être plus appliquée contre la paroi. Cette dernière illusion est très curieuse car elle montre que l'œil n'a pas perdu le sentiment qu'il est en présence d'une surface plane; seulement il en apprécie fautivement la position.

L'anamorphose dont nous venons de parler, et qui a comme effet un

ce à cause de cette symétrie presque parfaite dont nous avons parlé? est-ce par la pureté du dessin? l'harmonie des couleurs, la beauté des figures? est-ce même par l'unité de la scène? Je ne pense pas que ce soit là le secret. Ce qui fait de ce tableau une œuvre absolument hors ligne, c'est qu'il rend complètement la divinité de la Vierge et de l'enfant Jésus. La légèreté avec laquelle la Madone repose sur les nuages accuse l'immatérialité de son corps; ses yeux pleins d'angoisse, d'amour et d'abnégation,

rétrécissement de largeur de la figure lorsqu'on regarde un portrait de côté sous un angle un peu fort, altère beaucoup la ressemblance. Une anamorphose en sens contraire se produit quand le portrait est placé trop haut; la figure diminue de hauteur, l'ovale du visage se raccourcit. On atténue cet inconvénient en penchant le tableau en avant au lieu de l'appliquer contre la paroi.

Je citerai encore un exemple de ces déplacements apparents. Supposons-nous devant la peinture d'un sujet se détachant sur un fond de paysage éloigné, ou sur les murs d'un édifice; ce sera par exemple un château. qui forme le sujet principal et sur lequel se fixe l'attention, derrière lequel une montagne se trouve représentée. Si le spectateur en contemplant ce tableau se déplace latéralement d'un mouvement prompt, la montagne semble se transporter vivement en sens inverse; on éprouve souvent une impression analogue lorsqu'on est dans un wagon sur une courbe de chemin de fer : il semble que c'est le paysage très éloigné qui se meut, tandis que les objets relativement rapprochés ne paraissent pas se déplacer.

L'artiste doit tenir grand compte de ces illusions qui peuvent être favorables ou fâcheuses. Elle donnent de la vie aux corps animés, mais elles choquent dès qu'elles se font ressentir sur des objets qui doivent être immobiles par nature. C'est pour cela que, dans un portrait, les accessoires fixes de formes accusées, sont souvent d'un mauvais effet. Le personnage du portrait, isolé sur un fond obscur, est bien plus vivant que s'il est assis à une table ou s'il se détache sur un fond architectural. Dans le premier cas, les illusions de mouvement dont nous venons de traiter, reproduisent une impression connue, familière; dans le second cas, elles sont d'un effet étrange qui ne nous rappelle rien de ce que nous voyons dans la nature.

PLANCHE I.

PLANCHE III.

fixés sur une vision du futur sacrifice, que le petit Jésus contemple aussi du regard intelligent et ferme d'un homme fait, illuminant sa tête enfantine : voilà les idées sublimes qui s'imposent à notre intuition, voilà ce qui nous émeut, voilà la poésie, l'âme que Raphaël a su faire jaillir de la matière !

M. de Helmholtz, en terminant une série de conférences sur l'optique et la peinture, s'est exprimé dans les termes suivants[1] :

« Si, dans les idées exposées ici, j'ai constamment attaché la plus grande importance à ce que les œuvres d'art puissent être comprises facilement, exactement et dans tous leurs détails, cela peut paraître à beaucoup d'entre vous une considération très secondaire, qui, si elle a été mentionnée par ceux qui ont écrit sur l'esthétique, a été traitée le plus souvent comme une chose accessoire. Je crois que c'est à tort. La clarté matérielle n'est nullement un point secondaire, de peu d'importance pour les effets produits par les œuvres d'art. Plus j'ai étudié les questions physiologiques relatives à ces effets, plus l'importance de la clarté s'est imposée à mon esprit.

« Quel doit être l'effet d'une œuvre d'art, ce mot étant pris dans son sens le plus élevé? Elle doit fixer et animer notre attention, éveiller une riche variété d'associations d'idées assoupies dans notre âme avec les sentiments qui s'y rattachent, et les diriger vers un but commun, afin de nous montrer dans une image vivante tous les traits d'un type

---

[1] Bibliothèque internationale ; *Principes scientifiques des Beaux-Arts,* page 222.

idéal, gisant dispersés dans notre mémoire en fragments isolés et couverts par la végétation du hasard. Par là seulement paraît s'expliquer le pouvoir de l'art sur l'âme humaine, si souvent supérieur à celui de la réalité. Celle-ci mêle toujours dans ses impressions quelque chose qui nous trouble, nous blesse, tandis que l'art peut réunir tous les éléments capables de produire l'impression à laquelle il vise et les laisser agir librement. Ce pouvoir sera d'autant plus grand que l'impression physique, qui doit éveiller les associations d'idées (série d'images) et les sensations qui s'y rattachent, est plus vraie, pénétrante et variée. Pour qu'elle soit vive et forte, il faut qu'elle agisse sûrement, rapidement, clairement et nettement. Voilà au fond les points essentiels que j'ai cherché à réunir dans cette expression : clarté des œuvres d'art.

« Ainsi les particularités de la technique artistique, auxquelles nous avons été conduits par des recherches optiques et physiologiques, se rattachent en réalité d'une façon étroite aux problèmes les plus élevés de l'art. Bien plus, nous ne sommes pas éloignés de penser que même le dernier mystère de la beauté artistique, je veux dire le plaisir merveilleux que nous éprouvons en sa présence, réside essentiellement dans le sentiment de la facilité, de l'harmonie, de la rapidité avec laquelle les séries des images passent devant notre âme et, malgré leur riche variété, vont comme d'elles-mêmes vers un but commun, nous faisant voir plus complètement des lois régulières cachées jusqu'ici et nous permettant de jeter un regard jusque dans les dernières profondeurs de la sensibilité de notre âme. »

En donnant mon humble assentiment à ces belles paroles de l'illustre auteur de *l'Optique physiologique,* j'ajoute seulement que, pour atteindre à cette clarté dans les œuvres d'art, il faut que le peintre s'adresse à l'intuition : il ne peut le faire que par l'intermédiaire d'impressions réitérées.

CHAPITRE III

LA LITTÉRATURE

(Ainsi que nous l'avons dit, c'est à l'amitié de **M. Marc Debrit** que nous devons la rédaction de ce chapitre.)

(Note de l'éditeur.)

Après avoir étudié les effets esthétiques de la sensation réitérée dans les arts que l'on peut appeler physiques, comme la musique, la peinture et la danse, et dans la nature qui les contient tous à l'état de germe, l'auteur de ce travail avait conçu le projet de pousser son investigation plus loin ; il se proposait de chercher dans quelle mesure le rappel des sensations, sous la forme de mots, d'images ou de pensées, peut concourir à la production du sentiment du beau dans l'ordre intellectuel, autrement dit la place qui lui appartient dans l'esthétique littéraire.

Malheureusement, cette partie de son œuvre qui l'occupait et l'a préoccupé jusqu'à la veille de sa mort n'a pas même été ébauchée ; une seule note isolée, que nous donnerons plus loin, est restée comme un simple jalon du travail préliminaire qu'il avait entrepris sur ce sujet étranger à ses études habituelles. C'est donc seulement à l'aide des conversations qu'il a eues avec quelques amis que l'on peut essayer de reconstruire le plan de ce chapitre, et cette reconstitution est forcément conjecturale.

Si nous l'avons bien compris, Soret se proposait de montrer que les premières manifestations, les plus élémentaires et les plus naïves, de l'esthétique en littérature étaient précisément des sensations réitérées. Les chants des peuplades primitives sont, comme les rondes d'enfants qui leur ressemblent beaucoup, formés de la répétition, faite souvent à satiété, de certaines syllabes ou de certains mots qui, revenant soit à la suite l'un de l'autre, soit à intervalles réguliers, finissent par produire une impression esthétique. Ils sont au beau littéraire ce que les lignes symétriques tracées au charbon sur un mur blanc sont au beau graphique, ce que la cantilène de la mère berceuse ou du marin qui hisse sa voile est au beau musical. Il aurait montré comment, de cette cadence primitive et grossière, sont sortis, avec le progrès des temps, les éléments de la prosodie : les pieds, les césures, la rime surtout, puis la variété du rythme, c'est-à-dire l'association des syllabes en vers et des vers en strophes, dont le principe est la répétition de groupes semblables donnant par leur retour périodique non seulement une impression physique agréable à l'oreille, mais une impression intellectuelle plus forte et plus profonde.

Le rôle de la sensation réitérée, assez faible dans la poésie didactique ou narrative, devient de plus en plus important à mesure que l'on arrive aux genres qui touchent de plus près à l'âme humaine, qui prétendent reproduire et solliciter les émotions; dans la poésie lyrique, il est prépondérant.

Il semble que chaque fois que la cadence finale ou le refrain, s'il s'agit d'un genre plus familier, romance ou chanson, revient frapper son coup de marteau sur l'enclume, l'idée que le poète veut exprimer retentit plus fort au dedans de nous et que le sentiment esthétique s'éveille plus vif à chacune de ces répétitions voulues.

Après la poésie, bien qu'à un moindre degré, la prose a aussi quelque chose à faire avec la sensation réitérée. Cela va presque sans dire pour la prose poétique, celle qui ne craint pas de grouper les phrases et les pensées en paragraphes d'égale longueur et de cadence semblable, comme des strophes. Dans les *Natchez* ou les *Martyrs,* de Chateaubriand, dans les *Paroles d'un croyant,* de Lamennais, qui sont le type du genre, il est fait un usage fréquent de la sensation répétée. Ainsi, dans ce dernier livre, la complainte en prose intitulée *L'Exilé* doit presque tout son charme au retour de cette mélancolique phrase toujours la même, qui semble tomber comme une larme : « l'Exilé partout est seul! »

Au début on n'y prend pas garde, mais, à mesure qu'elle se répète, elle produit une impression plus poignante et, à la fin, lorsqu'elle s'exhale comme un cri de désespoir, elle produit un très grand effet; la sensation réitérée, qu'en rhétorique on appelle la répétition, est un des moyens le plus fréquemment employés pour frapper l'imagination des hommes réunis en assemblée, leur imposer les convictions qu'on veut leur donner et les faire vibrer à l'unisson de l'orateur.

Dans l'admirable discours qu'il met dans la bouche de Marc-Antoine s'adressant au peuple romain après la mort de César, Shakespeare n'a eu garde de négliger ce moyen d'action. Cette phrase indifférente au début : « Brutus et Cassius sont des hommes honorables, » devient, par sa répétition savante, la plus terrible des accusations contre les assassins du dictateur, si bien que la foule qui allait les porter en triomphe finit par demander leurs têtes.

Est-il nécessaire de rappeler le magnifique exemple de sensation répétée qui se trouve dans le plus célèbre des discours de Mirabeau, celui sur la banqueroute ?

« Eh ! Messieurs, à propos d'une ridicule motion du Palais-Royal, d'une risible insurrection qui n'eut jamais d'importance que dans les imaginations faibles ou les desseins pervers de quelques hommes de mauvaise foi, vous avez entendu naguère ces mots forcenés : Catilina est aux portes de Rome et l'on délibère ! Et certainement il n'y avait autour de nous ni périls, ni factions, ni Catilina, ni Rome ! mais aujourd'hui la banqueroute, la hideuse banqueroute est là ; elle menace de consumer tout, vous, vos propriétés, votre honneur, et vous délibérez ! »

Si, dans cette péroraison célèbre, l'on supprime les répétitions, voici ce qu'il en reste :

« ..... Vous avez entendu ces mots forcenés : Catilina est aux portes de Rome et l'on délibère! Et certainement il n'y avait autour de nous ni périls, ni factions; mais aujourd'hui la hideuse banqueroute est là ; elle menace de consumer tout, vous, vos propriétés, votre honneur, et vous perdez le temps à d'inutiles discussions! »

L'idée est la même, mais l'éloquence, c'est-à-dire la beauté, n'y est plus.

Au théâtre, la sensation répétée sert souvent aussi à produire une impression forte, soit comique, soit tragique. Lorsque Géronte, atterré par le récit de Scapin, qui le met dans la plus dure alternative entre son amour pour son fils et son amour pour sa bourse, exhale ses perplexités dans cette exclamation si comique et si naturelle : « que diable allait-il faire dans cette galère? » la phrase en elle-même n'a rien de très plaisant. Mais à mesure qu'elle se répète, et elle se répète jusqu'à six fois avec un accent de plus en plus angoissé, elle devient d'une drôlerie sublime, et le rire éclate, irrésistible.

Voilà pour le comique. Pour la tragédie, les exemples abondent. On peut se borner ici à rappeler les imprécations de Camille dans *Horace,* de Corneille, qui ne sont d'un bout à l'autre qu'un effet de sensation réitérée. Elles commencent ainsi :

Rome, l'unique objet de mon ressentiment.....

Suit un crescendo dont le nom de Rome, répété avec une fureur croissante, ouvre chaque vers,

presque comme une voie de fait, puis une série de
malédictions courtes et symétriques qui se terminent
par le cri de haine final :

> Puissé-je de mes yeux y voir tomber la foudre,
> Voir ses maisons en cendre et tes lauriers en poudre,
> Voir le dernier Romain à son dernier soupir,
> Moi seule en être cause et mourir de plaisir !

La répétition des mots insignifiants par eux-
mêmes, *voir*, *dernier*, et le parallélisme des phrases
est un élément important de la sensation tragique
produite par ces admirables vers.

Et dans *Macbeth*, après le crime; nous traduisons :
« *Macbeth*. Il m'a semblé entendre une voix me
crier : Tu ne dormiras plus! Macbeth a tué le sommeil! le sommeil innocent qui arrête par un nœud
le fil de la douleur! Le sommeil, mort de la vie de
chaque jour, bain qui rend la fraîcheur à nos sens
lassés, baume répandu sur les blessures du cœur,
second service au splendide festin de la nature!
principal aliment du banquet de la vie!..... Sa voix
retentissant dans toute la maison a continué de
crier : Tu ne dormiras plus! Glamis a tué le sommeil! Désormais Cawdor ne dormira plus! Macbeth
ne dormira plus! »

Ce sont là des exemples assez illustres de la sensation répétée, employée dans la poésie tragique.

Dans l'histoire, dans la controverse, dans les dis-
sertations philosophiques même, la sensation répétée sert, sous la plume d'un habile écrivain, à insister sur une idée, à donner à un fait important le

relief qui lui convient, à accentuer une opinion.

Même dans les genres moins sérieux, dans le style épistolaire ou dans la conversation, elle est comme un cadre léger destiné à entourer certaines parties du discours, à les séparer du contexte et à leur donner du trait.

Quelqu'un qui se donnerait pour tâche de chercher des exemples de sensation réitérée dans les livres des romanciers, même de ceux qui professent le plus de dédain pour la rhétorique, n'aurait que l'embarras du choix.

Tout concourt ainsi à démontrer qu'au premier ou au second plan cet élément, qui avait attiré l'attention de Soret comme jouant un rôle considérable, quelquefois prépondérant dans l'impression esthétique, avait bien l'importance et le caractère d'universalité qu'il lui attribuait, puisqu'on le rencontre partout où se manifeste le sentiment du beau, que ce soit dans la nature, dans les arts du dessin, dans la musique et jusque dans le plus immatériel des arts, c'est-à-dire dans la littérature.

Nous ne savons à quelles conclusions scientifiques Louis Soret aurait pu aboutir sur cette partie de son sujet, qui ne semble pas à première vue rentrer dans la sphère d'investigation d'un physicien, mais qui rentre fort bien, en revanche, dans celle d'un philosophe suivant à la trace, dans ses adaptations multiples et variées, ce qu'il estime être une loi de la nature. Il nous semble à certains signes, en particulier au choix de la citation que nous donnons plus loin, qu'il se proposait d'y faire rentrer les phéno-

mènes de la réminiscence, c'est-à-dire l'appel fait,
sous la forme de description ou de commentaire
descriptif, aux expériences antérieures restées à
l'état de souvenir dans l'imagination du lecteur.
N'était-ce pas élargir beaucoup la notion de ce que
l'on entend d'ordinaire par la sensation réitérée?
Au surplus, il faut le redire encore, nous n'avons
sur ses intentions d'autre témoignage que la citation
fort courte qu'on va lire avec les indications très
sommaires aussi qui la précèdent dans l'original.

Ces quelques lignes n'ont point la prétention de
combler une lacune, ni de préciser exactement ce
que Soret a voulu faire, encore moins ce qu'il aurait
fait s'il avait eu le temps d'achever cette étude, qui
a été la dernière occupation et presque la consolation
de ses derniers moments. Nous avons voulu seulement marquer la place de ce chapitre, afin que si,
plus tard, d'autres venaient à reprendre ce sujet
intéressant et neuf et à le pousser plus à fond, on
sût cependant que l'auteur de ce livre l'avait fait
entrer dans le cadre de son travail.

M. D.

Quelques notes sur les impressions réitérées et esthétiques dans la littérature.

I. Tout langage proprement dit, formé de signes
écrits ou de signes sonores, suivant qu'il est écrit ou
parlé, fait nécessairement appel aux impressions

réitérées, puisque ce n'est que par l'habitude qu'on arrive à le comprendre. Un langage est donc en soi une chose de nature esthétique se prêtant à exciter par intuition des sentiments de cette nature. Mais, nous l'avons bien souvent répété, le fait que le langage s'y prête n'entraîne pas la nécessité que les impressions esthétiques se développent.

II. Il faut remarquer en même temps que les langages, dans le sens propre du mot, permettent, dès qu'ils sont perfectionnés, l'explication par raisonnement, c'est-à-dire l'intelligence autrement que par les moyens esthétiques.

Une langue ne sera donc point toujours artistique ni employée à provoquer le sentiment du beau.

III. Dans la littérature et surtout dans la poésie, comme dans les beaux-arts, les impressions réitérées d'ordre physique ou intellectuel seront naturellement plus fréquentes et faciles. Rythme, prosodie, harmonie, beauté des sons, tout concourt à faire surgir des idées, des lois, des associations d'idées.

IV. En dehors de la poésie versifiée, c'est surtout dans l'ordre intellectuel que prédominent les impressions réitérées. Le poète s'attache à peindre, à faire un tableau, et c'est ce tableau qui fait surgir par intuition les pensées dans l'esprit de l'auditeur.

Exemple : Shakespeare (*Henri VIII,* traduction Guizot, acte III, scène II, p. 107), ce court passage du monologue de Wolsey après sa chute :

« Adieu, long adieu à toutes mes grandeurs; voilà la destinée de l'homme : aujourd'hui pointent en lui les tendres feuilles de l'espérance, demain les fleurs, dont les touffes épaisses la couvrent de leur parure rougissante; le troisième matin survient une gelée meurtrière qui, au moment où, dans sa simple bonhomie, il croit ses grandeurs en pleine marche vers sa maturité, le dessèche jusqu'à la racine, alors il tombe comme je le fais. »

Ces trois coups de pinceau pris dans le monde des fleurs ne donnent-ils pas le tableau le plus saisissant de ce que le poète a voulu exprimer? Ce n'est pas de la description, c'est de la peinture. La triple image analogue fait ressortir aussi le rôle des impressions réitérées.

APPENDICE

ESSAI

SUR LA

GRACE DANS LES MOUVEMENTS

Dans les recherches relatives à l'esthétique que j'ai précédemment publiées[1], j'ai été conduit à examiner pourquoi certains mouvements du corps de l'homme provoquent en nous une impression agréable, et à me demander quels sont les caractères physiques de cette qualité habituellement appelée la grâce.

Parmi ces caractères, l'un des plus importants est que la trajectoire des divers points du corps, de ceux surtout qui attirent particulièrement l'attention de l'observateur, forme une ligne présentant des propriétés esthétiques telles que la continuité, la symétrie, la périodicité. J'ai cherché à constater expérimentalement ce caractère dans les mouvements que

---

[1] Sur le rôle du sens du toucher dans la perception du beau. *Arch. des Sc. phys. et nat.* 1885, XVI, 350. Les Impressions réitérées. *Ibid.* 1886, XVI, 89. Sur la détermination photographique de la trajectoire d'un point du corps humain pendant les mouvements de locomotion. *Ibid.*, 1885, XIV, 94.

l'on exécute dans la danse. Ce sont ceux, en effet, qui présentent au plus haut degré la recherche de la grâce, puisque leur but principal est de provoquer une impression de beauté.

Dans ses belles recherches sur la locomotion de l'homme et des animaux, M. Marey a obtenu par la photographie le tracé de la trajectoire de différents points du corps en mouvement : le procédé consiste à fixer au point voulu un petit objet brillant, tel qu'une boule métallique, par exemple, à exposer le sujet à une vive lumière et à prendre une épreuve photographique pendant la locomotion.

On obtient ainsi un tracé continu ou par points, suivant qu'on laisse agir constamment la lumière ou qu'on l'intercepte périodiquement[1].

J'ai été conduit à faire l'essai de procédés un peu différents, qui me paraissent pouvoir être avantageusement utilisés dans d'autres cas que celui que j'avais en vue.

1º Au lieu d'une boule réfléchissante, on dispose une petite lampe électrique à incandescence, comme celles que l'on emploie pour les bijoux électriques. Cette lampe se monte facilement sur une épingle ou sur une pièce de cuir qui s'adapte en un point quelconque du corps. Elle est en communication, à l'aide de fils isolés, soit avec un petit accumulateur que le sujet porte avec lui, soit avec une pile fixe, auquel cas les fils de communication doivent être suffisam-

---

[1] Voyez *Comptes Rendus de l'Académie des Sciences de Paris* 1882 et 1885.

ment longs et souples pour ne pas gêner le mouvement. On trouvera plus loin plusieurs tracés obtenus par ce procédé.

L'obscurité de la salle dans laquelle on opère n'est pas sans inconvénient dans l'étude des mouvements du corps humain. Le sujet est gêné et, s'il ne voit pas, il manque d'assurance, ses mouvements perdent de leur régularité et de leur grâce. Il y a donc avantage à éclairer la salle par de la lumière rouge, qui n'agit pas photographiquement.

2o On peut remplacer la lampe à incandescence par un tube ordinaire de Geissler à azote, que l'on met en communication avec une forte bobine d'induction. Il convient de masquer les deux extrémités élargies du tube par un écran percé d'un trou correspondant à la partie effilée du milieu. On a ainsi une lumière intermittente, chaque décharge donnant lieu à un petit trait rectiligne. L'espacement de ces traits est proportionnel à la vitesse du mouvement. Ce procédé présente aussi l'avantage de donner les variations d'inclinaison du corps mobile; ainsi, supposons que le tube de Geissler soit fixé à la jambe du sujet parallèlement à celle-ci : à l'épreuve, la direction des traits indiquera pour chaque instant l'inclinaison de la jambe.

Voici, par exemple, la reproduction d'une photographie obtenue par ce procédé (fig. 33). Le tube de Geissler était adapté à la jambe gauche, près du pied d'un sujet qui courait d'une allure légère de droite à gauche sur une ligne droite dans une salle obscure. On voit très nettement qu'un peu avant que le pied

se pose à terre la direction de la jambe est sensiblement verticale ; que le mouvement de translation est

Fig. 33. Course légère.

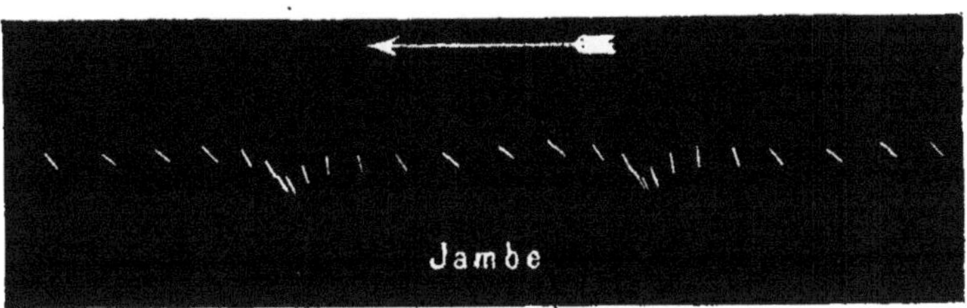

presque nul pendant l'appui du pied : deux traits se
superposent presque ; que la jambe est inclinée de
quarante-cinq degrés sur la verticale un peu après
que le pied a quitté le sol ; enfin que la plus grande
rapidité du mouvement de translation a lieu lorsque
le pied est à égale distance des deux appuis con-
sécutifs. Pour des recherches précises, il convient
d'établir un rapport simple entre la durée des
mouvements périodiques du sujet et le temps qui
sépare deux étincelles successives. Cette condition
n'est qu'approximativement remplie dans l'expérience à laquelle se rapporte la figure : il se produit environ douze étincelles entre deux retours successifs de la jambe à la même position.

En employant des courants d'induction un peu
énergiques et un appareil photographique à large
objectif, on peut opérer à grande distance. Voici, par
exemple (fig. 34), la reproduction d'une photographie prise à cinquante mètres de distance, pendant
le mouvement d'un pendule portant un tube de

Geissler entièrement visible. On a pris deux épreuves successives sur la même plaque en déplaçant le

Fig. 34.

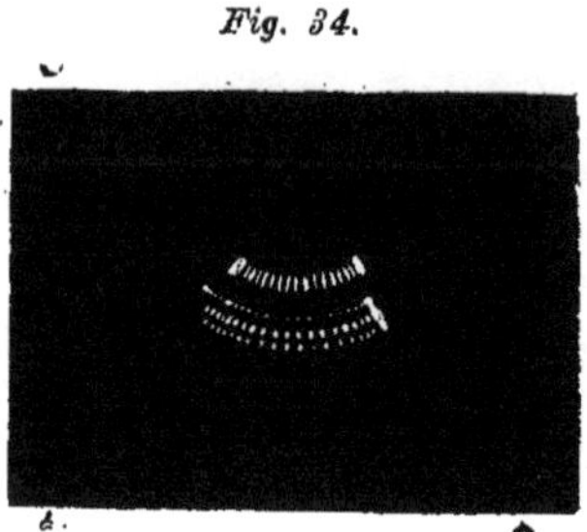

tube de Geissler, pour éviter la superposition des
tracés. La durée de l'oscillation du pendule était de
0,94 seconde la première fois, le tube étant placé en
bas, et de 0,87 seconde la deuxième fois, le tube de
Geissler étant placé plus haut. Le courant d'induction était assez énergique et capable de donner des
étincelles de **28** millimètres.

3° On réussit également en substituant au tube
de Geissler des étincelles d'induction jaillissant
entre des électrodes métalliques. Mais cette disposition m'a paru moins pratique et, appliquée aux
mouvements de l'homme, elle expose le sujet à
recevoir des décharges.

Je ne chercherai pas à établir une classification
logique et rationnelle des différents genres de danse.
Mais, au point de vue qui nous occupe, il me semble
que l'on doit en distinguer deux.

Dans la danse telle qu'elle se pratique dans les
salons, dans un but d'amusement, on recherche peu
le côté artistique et l'expression de sentiments par

les mouvements. Par suite, la danse est plus froide, plus compassée. La mesure en sera très régulière, et les mouvements exécutés se réduiront aux pieds et aux jambes, le reste du corps n'y prenant part que pour le maintien de l'équilibre. On peut donc s'attendre à ce que les tracés de cette espèce de danse présentent un caractère de simplicité, de symétrie et de régularité plus prononcé.

L'autre genre de danse que nous avons à distinguer est la danse telle qu'on l'exécute au théâtre dans les ballets. Ici les exécutants ont en vue une idée artistique et, plus souvent qu'on ne se l'imagine peut-être, ils cherchent à traduire des sentiments. Ils utilisent pour cela des ralentissements ou des accélérations de mesure, des modifications du rythme; le mouvement, la variété du geste et de la pose s'étendent à la tête, aux bras, à tout le corps. Nous pouvons nous attendre à ce que les tracés soient moins géométriquement corrects. Toutefois, dans la danse rapide, où la virtuosité est la qualité recherchée, les caractères de régularité et de précision reprennent leurs droits, et nous en trouvons plusieurs exemples.

Nous remarquerons en passant qu'une distinction analogue peut être établie dans la musique. Une phrase musicale est habituellement écrite avec une mesure et avec des notes absolument déterminées. Dans les premiers exercices, le maître prescrit à son élève de respecter aussi rigoureusement que possible la mesure, la justesse des sons, et presque toujours aussi de maintenir soigneusement l'égalité de l'intensité et du timbre. Mais quand l'élève, plus avancé, veut, à l'aide de sa voix ou de son instrument, exprimer un sentiment, alors il abandonne cette précision mathématique; il altère momentanément la mesure, il modifie l'intensité ou le timbre, ou même quelquefois, quoique rarement, la hauteur des notes, sans que cependant cette altération doive aller jusqu'à dénaturer la phrase au point de la rendre méconnaissable.

Une première série de tracés se rapporte à la danse des salons (fig. 35 à 45). Nous pouvons faire rentrer dans cette catégorie ceux qui se rapportent à la marche, à la course, mouvements qui, bien que leur but soit éminemment pratique, doivent être rangés parmi les mouvements gracieux et esthétiques.

Les pas de marche comme de danse ont été exécutés en **1885** par M. Ferraris, qui m'a prêté son obligeant concours pour ces expériences. Les épreuves photographiques ont été prises par M. Ebersberger, l'un des chefs d'atelier de la Société genevoise pour la construction d'instruments de physique.

Le point du corps sur lequel se dirige le plus habituellement l'attention est la tête, qui, d'ailleurs, par sa position dans le plan de symétrie du corps et par sa position mobile en tous sens, présente de bonnes conditions pour cette étude.

On sait déjà, par les observations de quelques physiologistes, que dans la marche ordinaire la trajectoire de la tête ne s'écarte pas beaucoup d'une ligne droite, mais présente cependant des sinuosités régulières et sensibles. Dans la course, les oscillations verticales s'accentuent, et la courbe se rapproche d'une sinusoïde ordinaire. Les photographies reproduites ci-dessous confirment ces faits connus.

Dans les divers pas de danse, on arrive à des résultats analogues, c'est-à-dire à des trajectoires régulières et constantes.

Par exemple, dans le pas de valse, la courbe est une sorte de sinusoïde présentant alternativement une grande sinuosité et une sinuosité plus petite. Dans le pas de polka, une grande sinuosité est suivie de deux sinuosités plus petites, etc.

Ainsi, en ce qui concerne les mouvements de la tête, la trajectoire présente bien les caractères prévus et énoncés plus haut.

Les mouvements du pied viennent au second rang après ceux de la tête; mais ils se prêtent un peu moins bien aux expériences. En effet, on ne peut placer la lampe au point même où se fait l'appui du pied sur le sol, point qui serait le plus intéressant à étudier; de plus, l'appui s'effectue tantôt sur le talon, tantôt sur la base du gros orteil. Toutefois, en fixant la lampe sur le pied, on obtient des résultats assez satisfaisants et conformes au principe indiqué précédemment.

Dans le pas de zéphyr, par exemple, la trajectoire du pied se compose de grands arcs successifs, correspondant au mouvement que fait le danseur en portant la jambe en avant, puis ces arcs sont réunis l'un à l'autre par un petit feston, correspondant aux mouvements du pied lorsqu'il se pose à terre et se soulève de nouveau après un petit saut : l'ensemble plaît à l'œil.

Inversement, si l'on étudie un mouvement produisant une impression de raideur, la trajectoire du pied accuse ce caractère. Ainsi, dans le pas d'école du soldat, la courbe commence par raser le sol presque en ligne droite, puis elle se relève rapidement en dessinant une sinuosité très accentuée, aiguë et inclinée. L'ensemble du tracé n'a rien de plaisant.

Les autres tracés se rapportent à la danse artistique. Ils ont été obtenus sur le théâtre de Genève, avec l'obligeante autorisation du Directeur, M. Bernard; les artistes qui ont bien voulu concourir à ces essais sont M. Poigny, maître de ballet, et Mme Ricci-Poigny, première danseuse. On a opéré en général en éclairant la scène à la lumière rouge, qui n'a pas d'action photographique sensible. L'appareil photographique était placé à une distance de douze mètres environ des sujets.

Les figures 46, 47 et 48 donnent les tracés vus d'en haut de la valse, de la polka mazurka et de la schottisch, exécutées par les deux danseurs, qui avaient chacun une lampe électrique fixée sur le sommet de la tête. L'appareil photographique était placé sur les ponts du théâtre et dirigé de haut en bas. Dans ces trois figures, les deux danseurs partent du point C; quand ils sont en B, on ouvre l'objectif de l'appareil photographique; on fait passer le courant dans les lampes lorsqu'ils arrivent en P, et on l'arrête lorsque, après avoir fait un tour entier, ils reviennent au même point P. M. Poigny est le plus éloigné du centre au moment de l'allumage.

Pour les autres épreuves, le danseur effectuait son pas sur une ligne droite, l'appareil photographique étant convenablement disposé au fond de la scène. On obtenait donc les tracés dans une direction horizontale. Chaque épreuve porte deux trajectoires, dont l'une est celle du sommet de la tête, tandis que l'autre est quelquefois celle de la main et plus souvent celle du pied gauche, la lampe étant placée sur le pied, le plus près possible de la pointe.

Fig. 85. Pas de zéphyr (tube de Geissler, 9 juillet 1885, M. Ferraris)

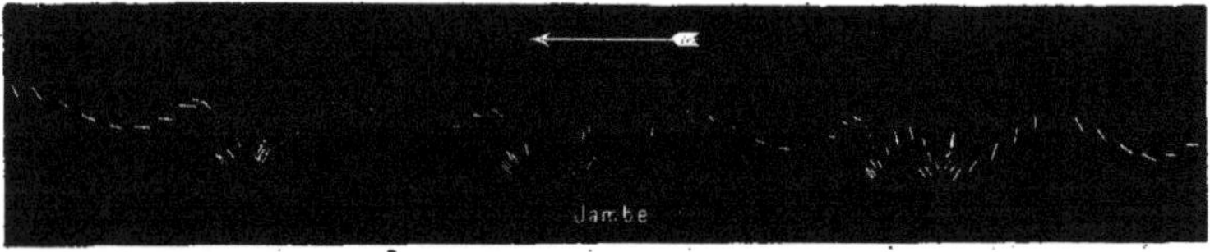

Fig. 86. Pas de polka sautée (tube de Geissler, 9 juillet 1885, M. Ferraris).

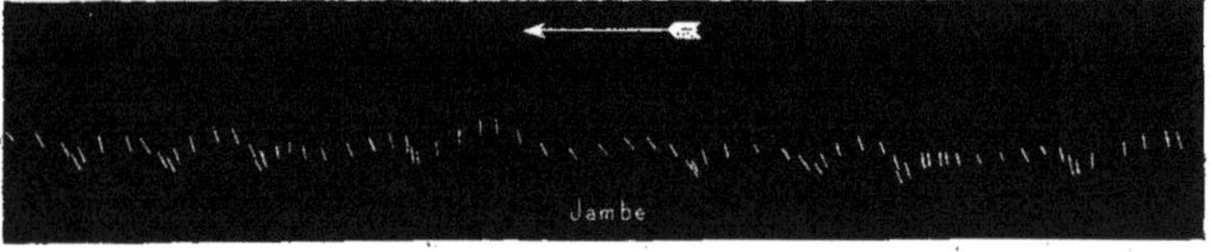

Fig. 37. Marche naturelle (lampes à incandescence, 9 juillet 1885, M. Ferraris).

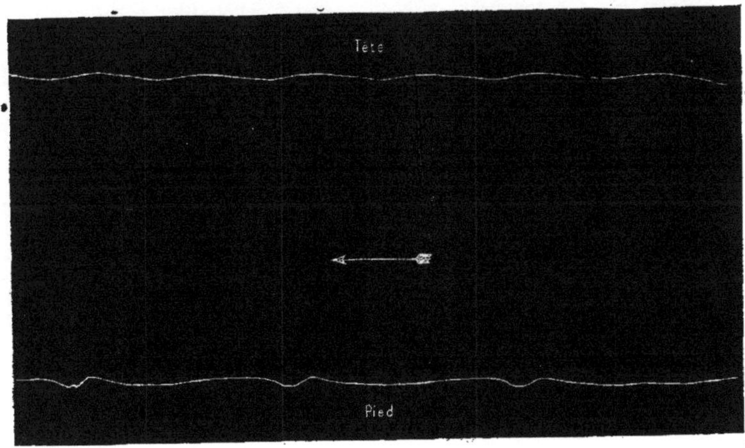

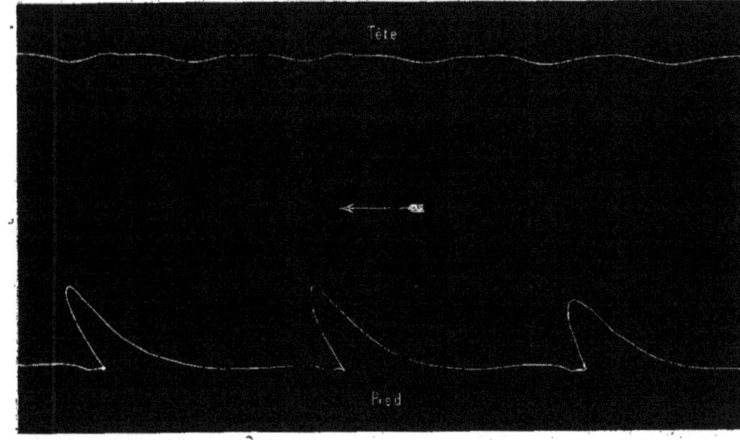

Fig. 98. Pas d'école du soldat (lampes à incandescence, 9 juillet 1885, M. Ferraris).

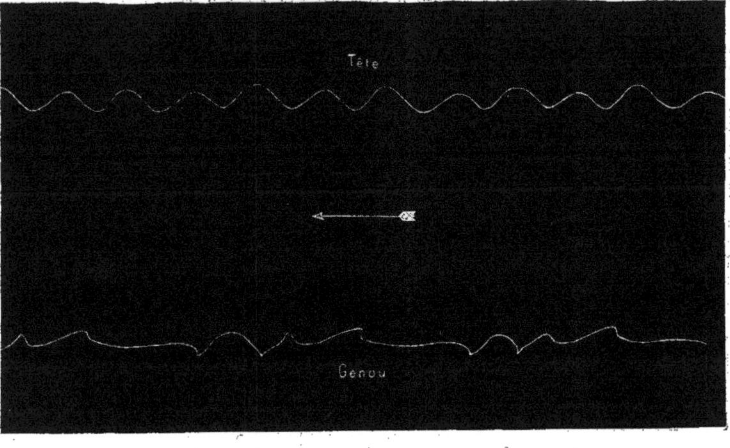

Fig. 89. Valse (lampes à incandescence, 9 juillet 1885, M. Ferraris).

Fig. 40. Pas de basque lent (lampes à incandescence, 9 juillet 1885, M. Ferraris).

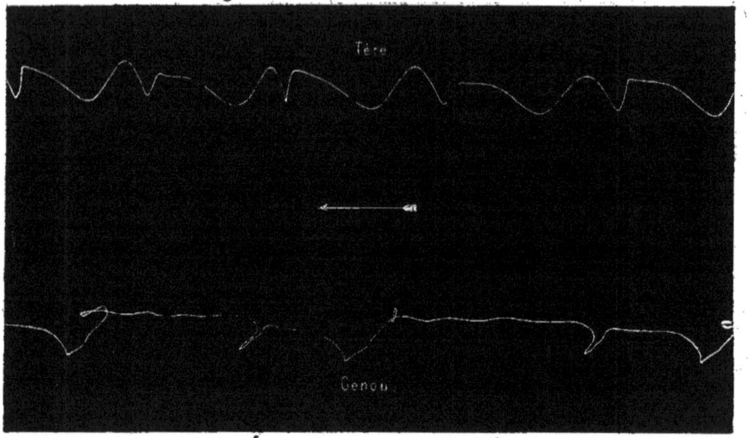

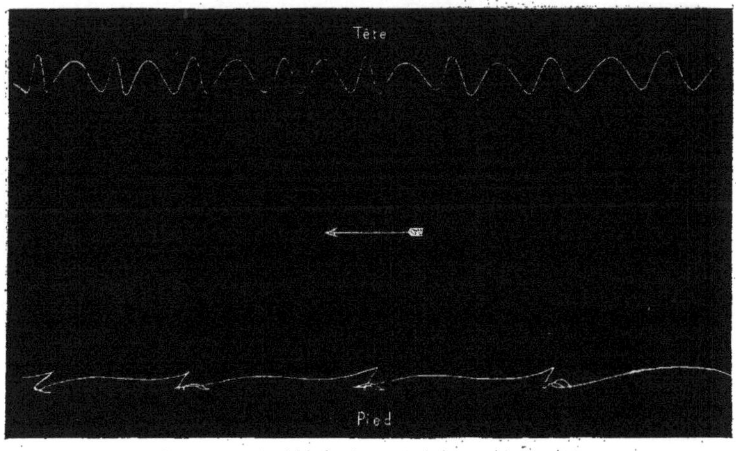

Fig. 41. Pas de zéphyr (lampes à incandescence, 9 juillet 1885, M. Ferraris).

Fig. 42. Jetés-battus (lampes à incandescence, 9 juillet 1885, M. Ferraris).

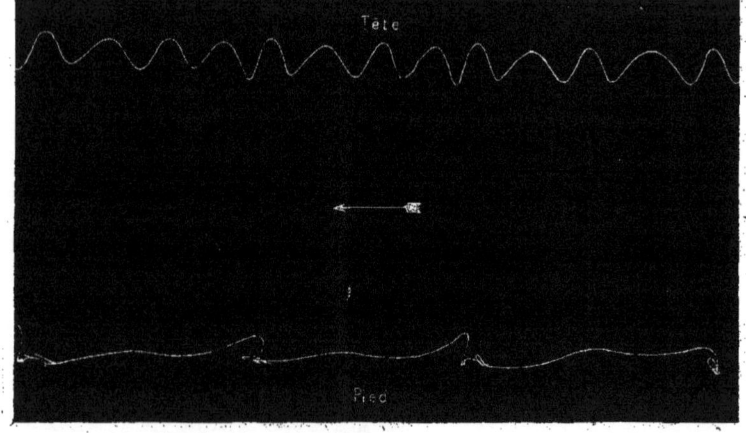

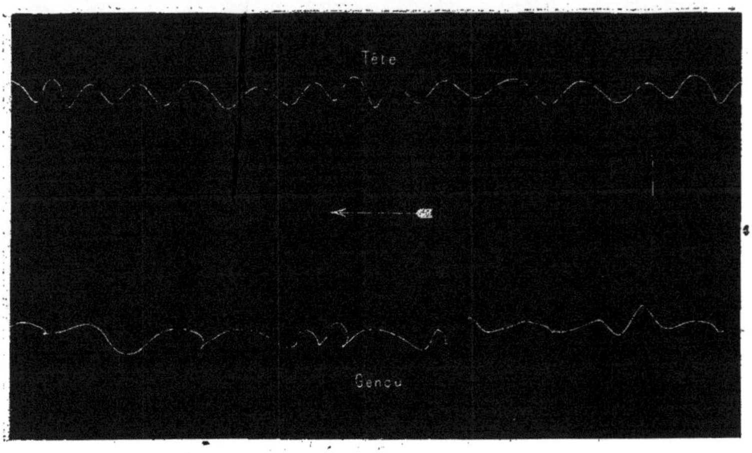

Fig. 43. Polka-mazurka (lampes à incandescence, 9 juillet 1885, M. Ferraris).

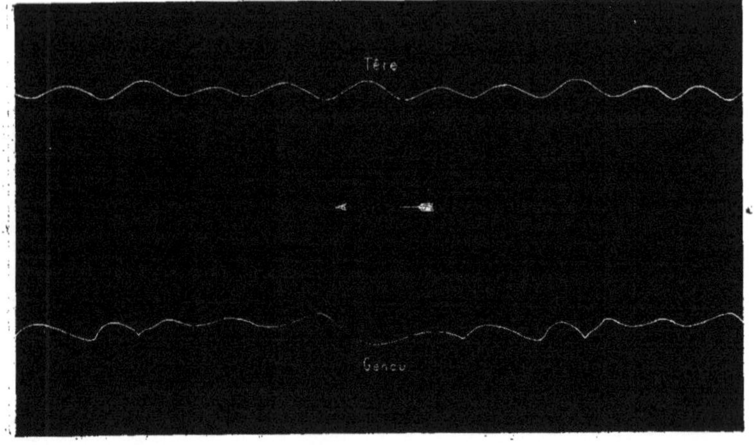

Fig. 44. Polka glissée (lampes à incandescence, 9 juillet 1885, M. Ferraris).

Fig. 45. Polka sautée (lampes à incandescence, 9 juillet 1885, M. Ferraris).

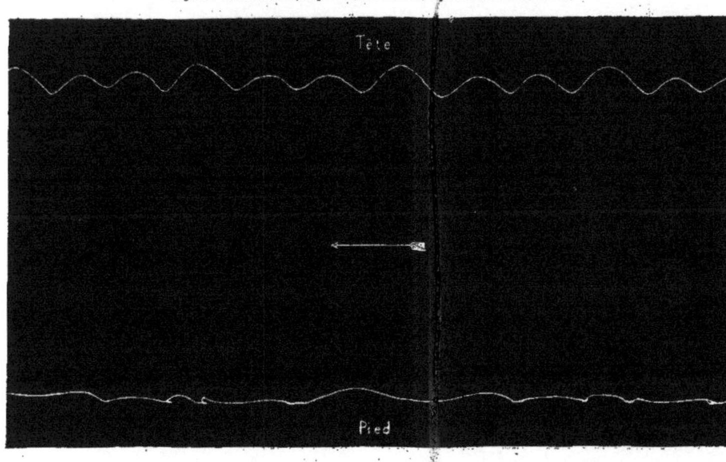

Fig. 46. Valse vue d'en haut (10 mars 1886, M. et Mme Poigny).

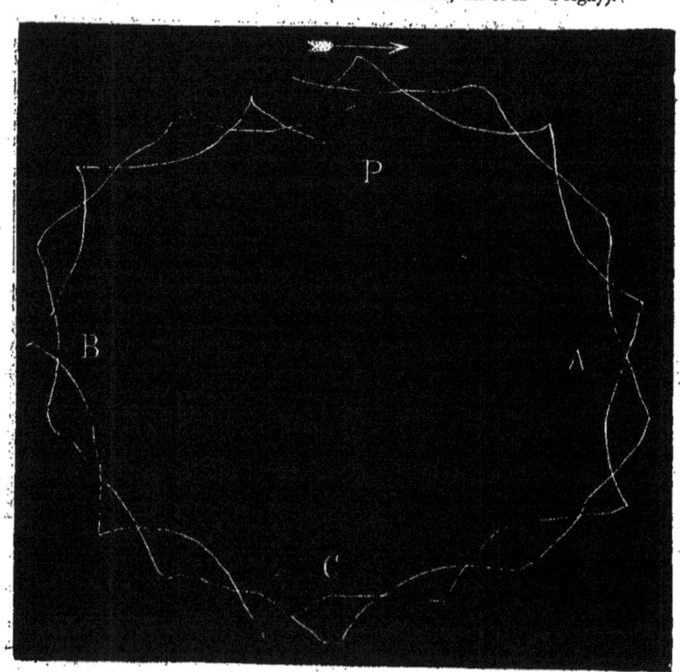

Fig. 47. Polka-mazurka vue d'en haut (10 mars 1886, M. et Mme Poigny).

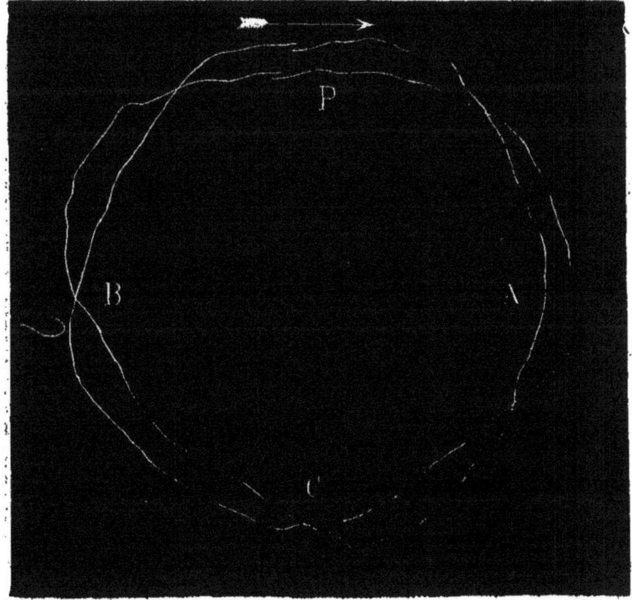

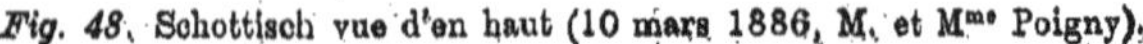

Fig. 48. Schottisch vue d'en haut (10 mars 1886, M. et Mme Poigny).

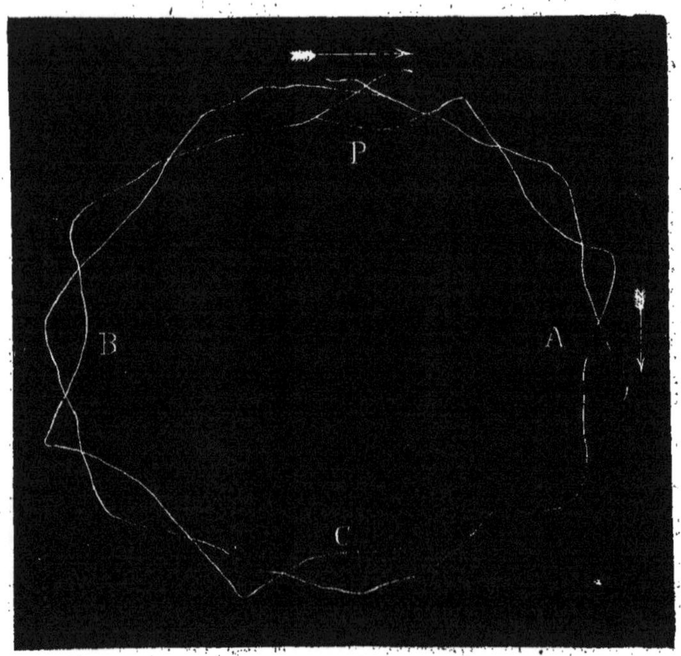

Fig. 49. Pas de valse (17 avril 1886, Mme Ricci-Poigny).

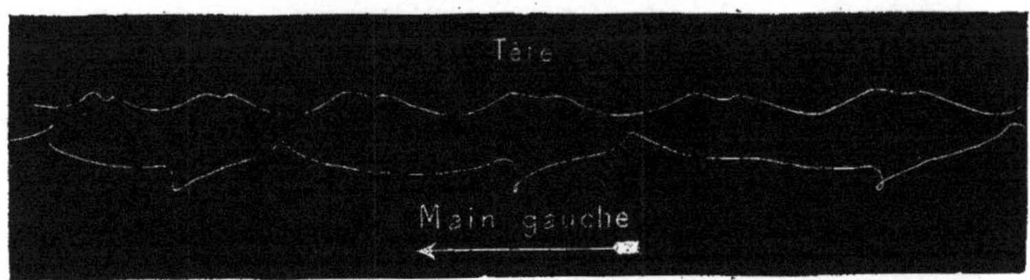

Fig. 50. Valse lente en tournant (17 avril 1886, Mme Ricci-Poigny).

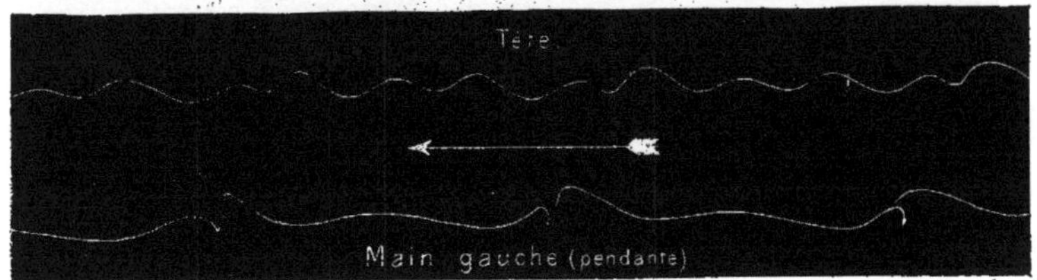

Fig. 51. Polka un peu sautée (17 avril 1886, Mme Ricci-Poigny).

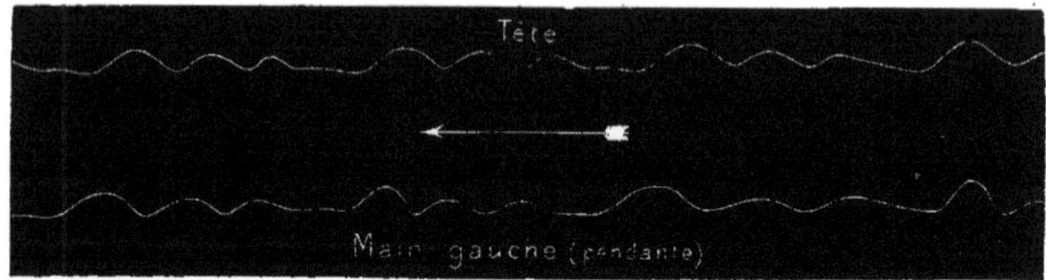

Fig. 52. Pas de basque relevé (17 avril 1886, Mme Ricci-Poigny).

Fig. 53. Pas espagnol (17 avril 1886, Mme Ricci-Poigny).

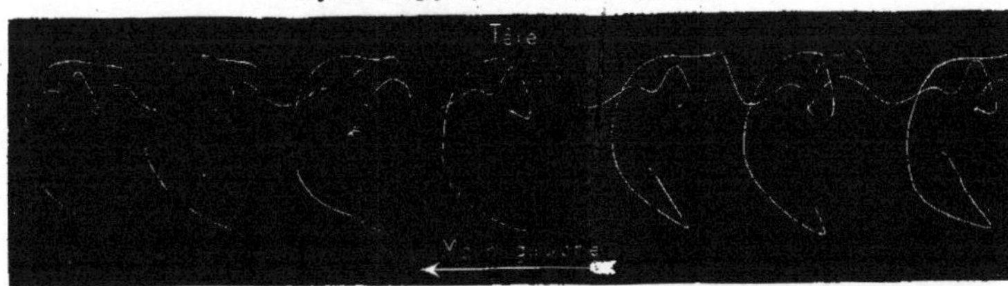

Fig. 54. Pirouettes avec pointe à chaque, en tournant (17 avril 1886, Mme Ricci-Poigny).

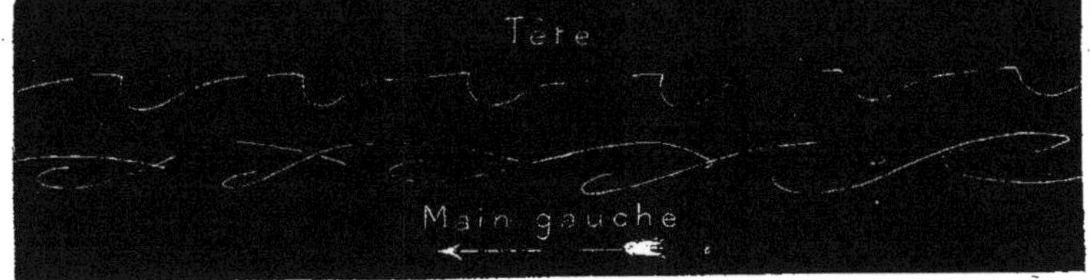

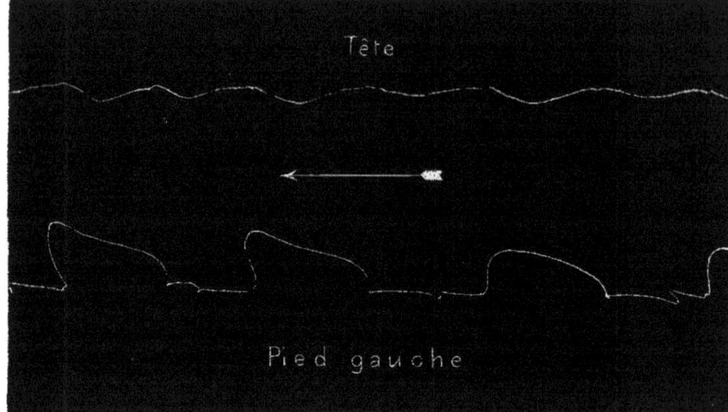

Fig. 55. Valse développée sur les pointes (10 mars 1886, Mme Ricci-Poigny).

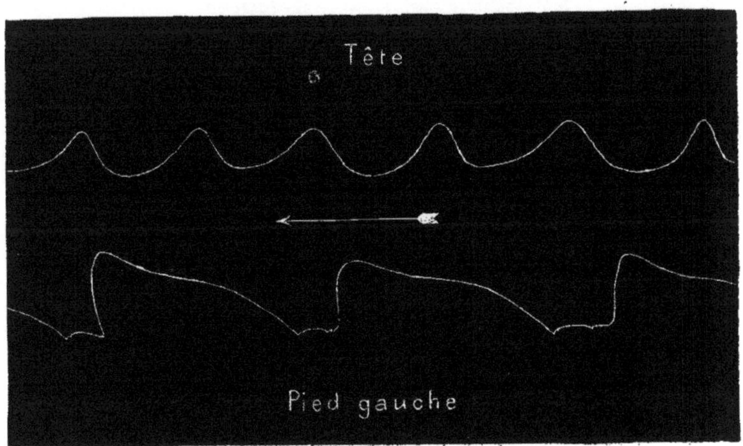

Fig. 56. Pas marché (10 mars 1886, Mme Ricci-Poigny).

Fig. 57. Grands jetés en avant (10 mars 1886, Mme Ricci-Poigny).

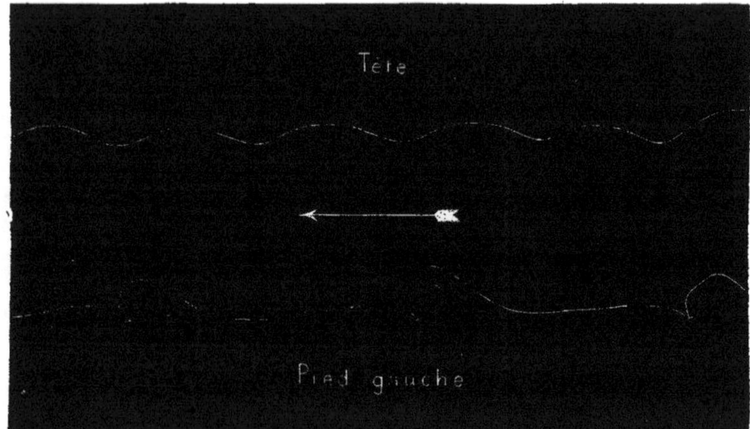

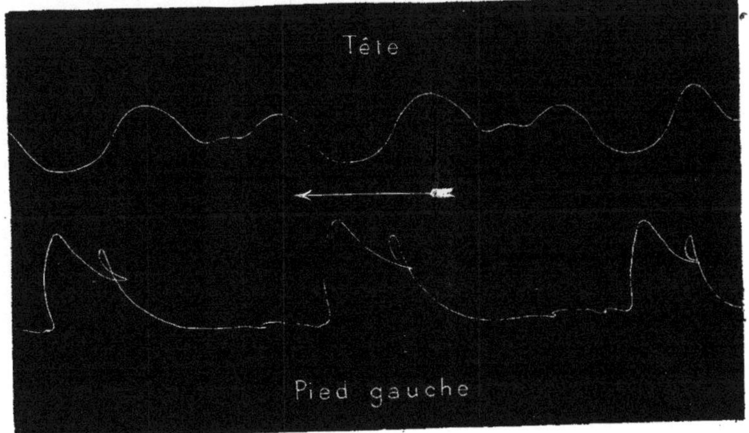

Fig. 53. Pas de cabriole en avant (10 mars 1886, Mme Ricci-Poiguy).

Fig. 59. Pas de cabriole en descendant (10 mars 1886, M. Poigny).

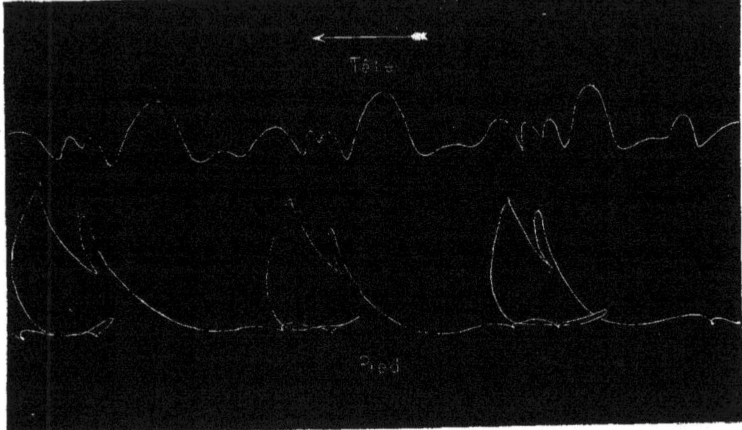

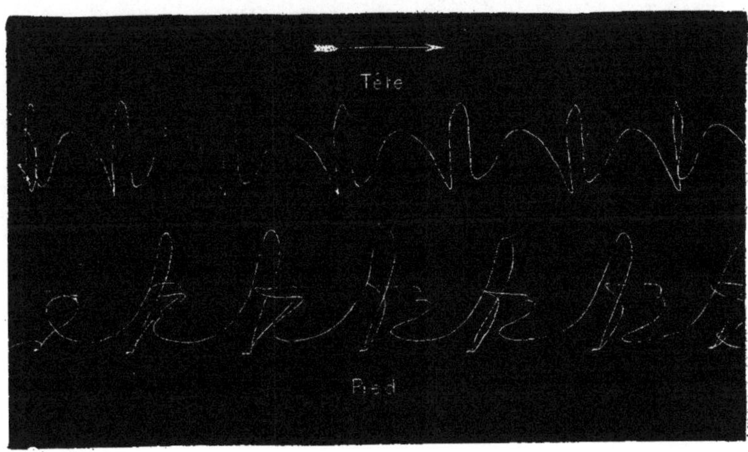

Fig. 60. Grands ronds de jambes sautés (10 mars 1886, M. Poiguy).

Fig. 61. Grands changements de pied, relevés sur la pointe (17 avril 1884, Mme Ricci-Poigny).

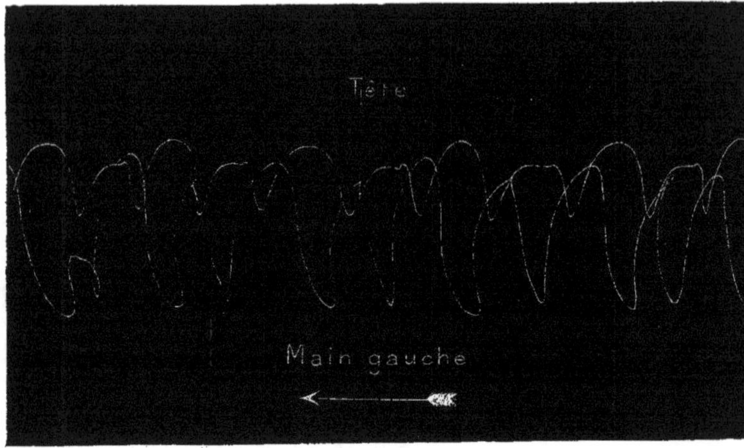

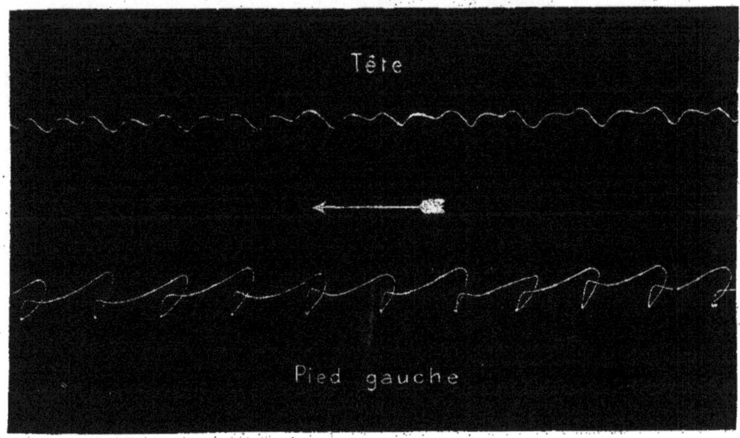

Fig. 62. Pas de tarentelle (17 avril 1886, Mme Ricci-Poigny).

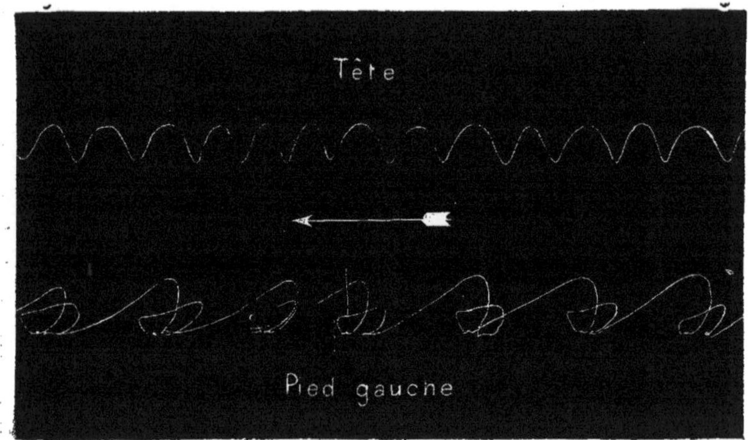

Fig. 63. Pas de cheval (17 avril 1886, Mme Ricci-Poigny).

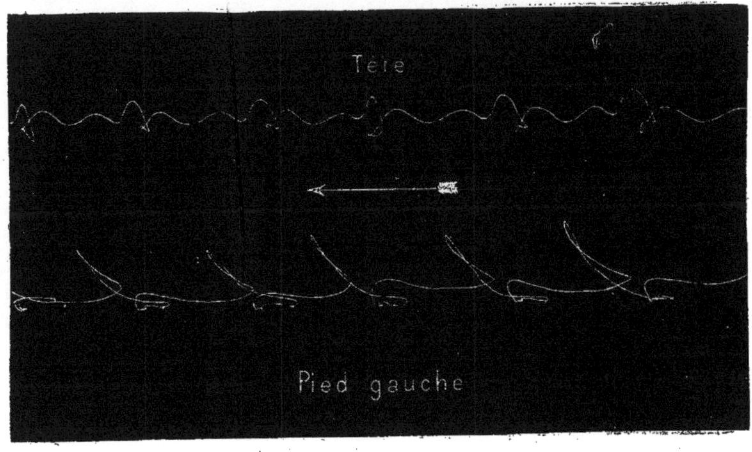

Fig. 64. Pas espagnol (17 avril 1886, Mme Ricci-Poigny).

Fig. 85. Pas de sissonne relevé sur la pointe (17 avril 1886, Mme Ricci-Poigny).

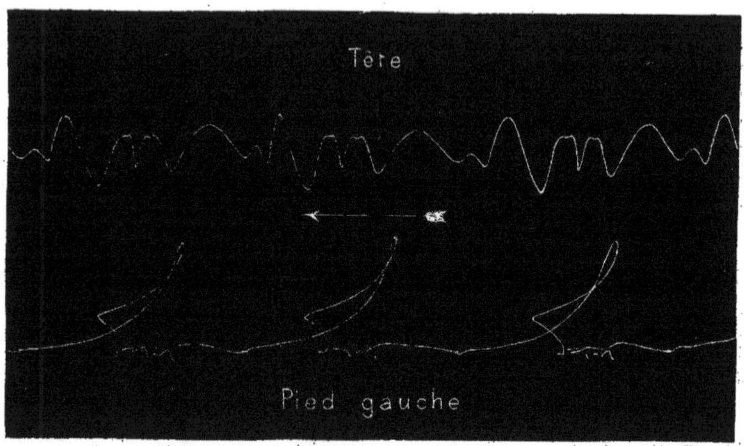

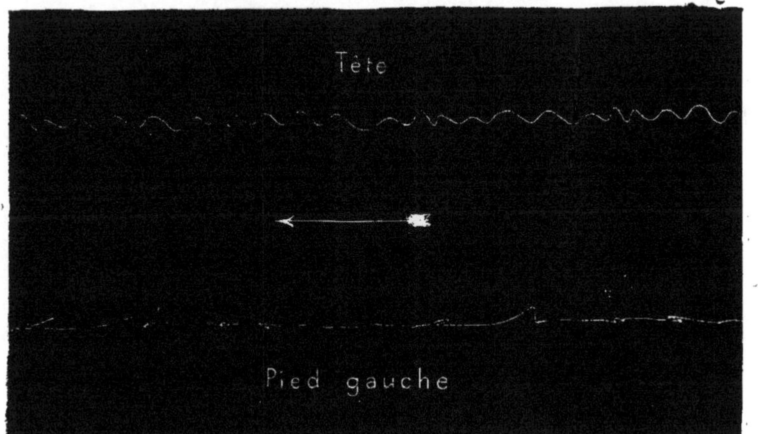
Tête
Pied gauche

Fig. 67. Ballonné et jeté (17 avril 1836, M. Poigny).

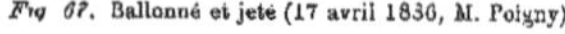
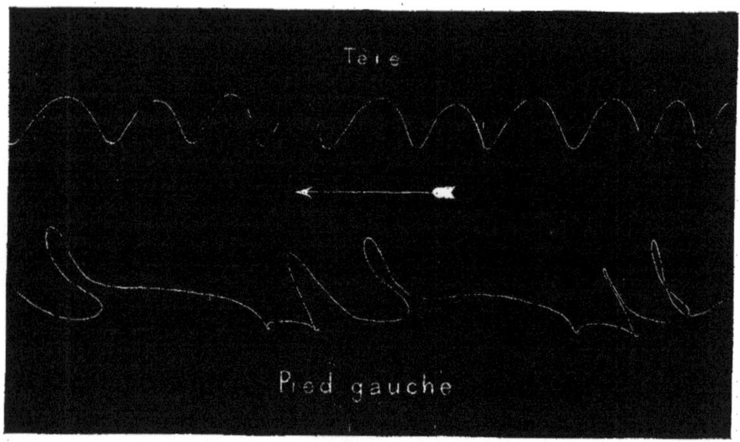

Fig. 68. Grands entrechats six, avec pas de bourée (17 avril 1886, M. Poigny).

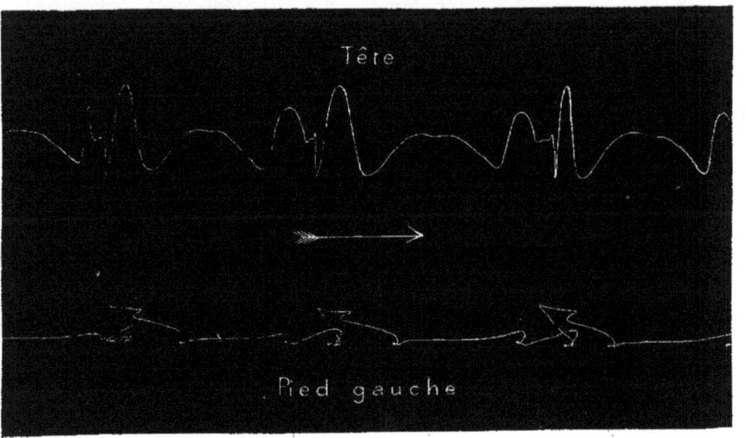

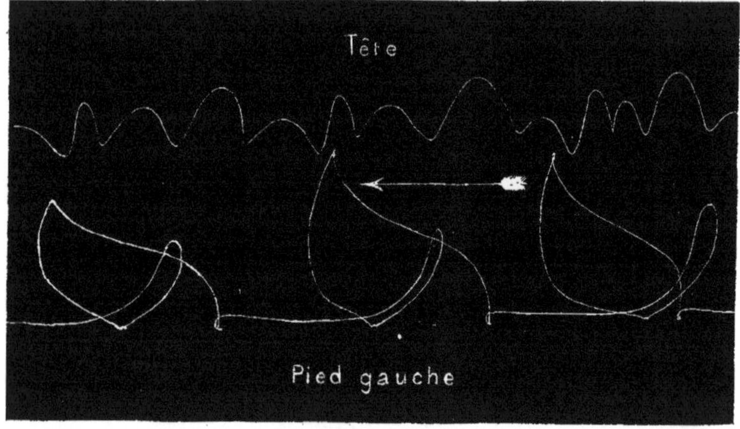

Fig. 69. Grands temps de flèche en descendant (17 avril 1886, M. Poigny).

Fig. 70. Grands ronds de jambe tendus (17 avril 1886, M. Poigny).

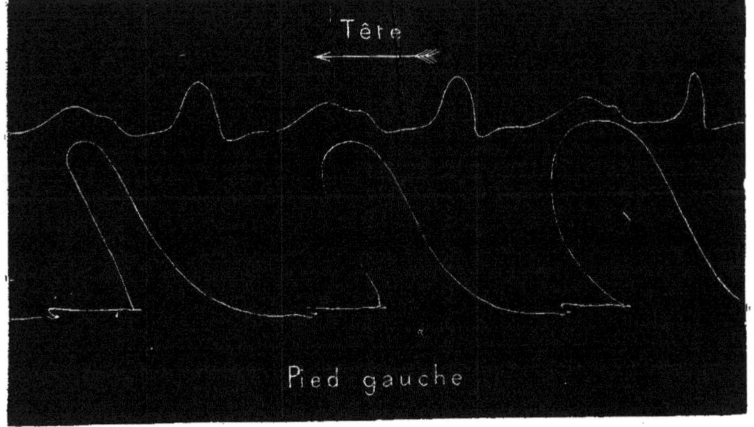

Fig. 71. Grands sauts de chat, posés sur la pointe (17 avril 1886, Mme Ricci-Poigny).

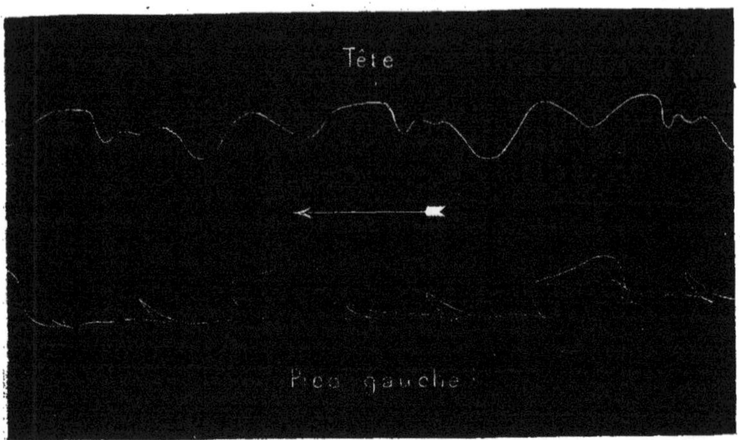

Fig. 72. Ronds de jambe simples, relevés sur la pointe (17 avril 1886, Mme Ricci-Poigny).

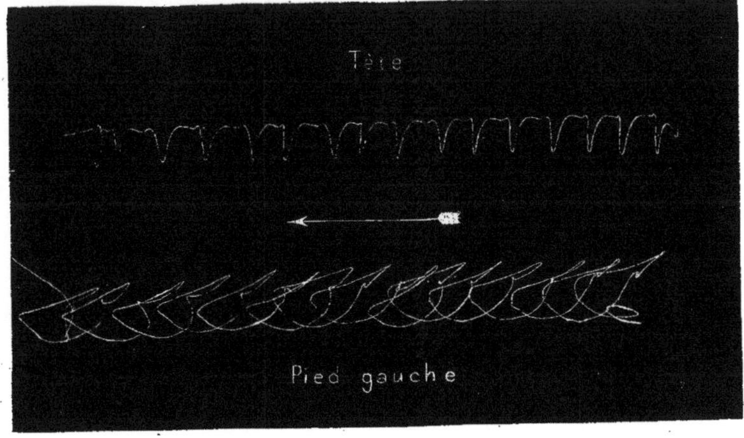

Fig. 78. Ronds de jambe doubles, relevés sur la pointe (17 avril 1886, Mme Ricci-Poigny).

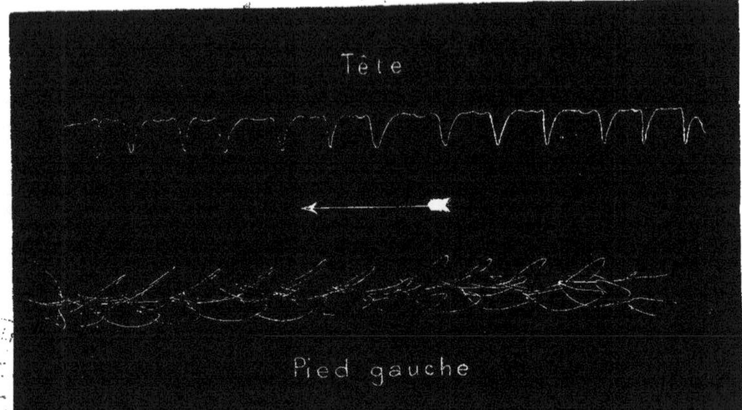

TABLE DES MATIÈRES